지구별
에서 함께
살아가기

인물로 읽는 환경 이야기

지구별에서 함께 살아가기

:: 박강리 지음

해나무

차례

  몇 해 전 바이칼 지역을 여행할 때, 수십 량의 아름드리 통나무를 가득 싣고 달리는 시베리아 횡단 열차를 본 적이 있습니다. 기차에 실려 낯선 땅으로 가는 나무를 보며 갑자기 숨이 막히는 것 같았습니다. 인간의 손에 의해 할퀴어진 숲의 처참한 풍경이 눈앞에 떠올라서였습니다.

  산소를 제공해주는 숲이 사라지면 그만큼 대기오염이 심각해질 테고, 그 결과는 필연적으로 인간의 삶에 부정적 영향을 끼칠 수밖에 없습니다. 그런데 저에게는 그런 환경적 문제만이 아니라, 수백 년을 살아온 나무의 신령스러운 세월이 어느 한 순간 죽음을 맞이하게 된다는 안타까움도 함께 떠올랐습니다. 그것은 나무의 세월이면서 동시에 이 땅에 발 딛고 살아가는 모든 생명체의 시간이기 때문입니다.

이 책은 환경이 단지 현상적인 문제가 아니라 세상을 살아가는 모든 생명과 관련된 본질적인 것임을 이야기하고 있습니다. 그래서 이 글을 읽으면서 우리는 환경과 삶의 관계를 깨달을 수 있게 됩니다. 세상의 모든 문제가 서로의 관계 속에서 이해되고 실천되어야 한다는 글쓴이의 생각은, 단순한 지식이 아닌 인식의 차원에서 환경 문제를 바라보아야 한다는 것을 말해주고 있습니다.

청소년 여러분은 인식을 세워나가는 과정에 있는 사람입니다. 환경문제를 통해 인간의 삶을 인식하게 만든다는 점에서, 이 책은 청소년들에게 가장 추천할 만한 환경 관련 서적입니다. 더구나 청소년들이 초등학교 때 즐겨보던 위인전처럼, 이 책은 주제들을 인물들을 통해 담아내고 있어 친근하기까지 합니다.

이 책을 읽고 환경과 인간의 삶의 문제들을 짚어볼 줄 아는 눈 밝은 청소년들이 더 많아졌으면 좋겠습니다.

최성수(시인, 청량고등학교 교사)

지구별에 희망을 심은 사람들

'환경'이라는 말을 들으면 가장 먼저 무엇이 떠오르나요? 사람마다 다르게 대답하겠지만, 그 대답을 통해 자신이 환경을 어떻게 인식하고 있는지 알 수 있습니다. 우리는 지금 환경을 어떻게 인식하고 있을까요? 오염과 파괴라는 문제를 지적하고 보호와 실천을 외치는 목소리가 높으면 높을수록 자신의 환경 인식을 차분하게 들여다볼 필요가 있습니다. 왜냐하면 우리가 삶의 자리에서 환경을 어떻게 인식하는가에 따라 환경에 대한 관심과 실천의 방향은 전혀 달라지기 때문입니다.

모든 공부가 그렇지만 특히 환경 공부에 있어서는 유창하게 말하거나 논리적으로 글을 잘 쓰는 것이 크게 중요하지 않습니다. 지구환경이 오염되고 파괴되는 근본원인을 살펴보면 그 시작과 끝이 우리의 삶 속에 있습니다. 그리고 우리의 삶은 환경과 삶의 긴밀한 관계를 깨닫게 될 때 변화될 수 있습니다.

이 책은 청소년들이 환경을 문제가 아닌 '관계'로 보고, 지식뿐 아니라 실천하는 힘을 얻도록 하기 위해 기획되었습니다. 환경에 대해 단순히 오염과 문제라는 관점에서 설명하는 방식을 넘어서, 환경과 삶이 맺고 있는 '관계'의 눈으로 환경문제를 이해할 수 있도록 배려했습니다. 환경을 '문제'로 보는 것과 '관계'로 보는 것이 어떻게 다른지, 환경과 삶의 관계로 본다는 것은 어떤 의미인지 이 책을 통해 이야기하고 싶습니다.

이 책에서 다루는 주제들은 이미 우리에게 익숙합니다. 예를 들면 살충제 남용과 생태계 파괴, 생명의 소중함, 공유지의 비극, 자원과 인구문제, 국립공원의 역할, 살아 있는 지구를 의미하는 가이아, 지구의 허파 열대림, 오늘날 다시 돌아보는 물의 의미 등입니다.

환경을 문제로만 다루는 기존의 책들과 달리 이 책은 '인물'과 '개념'을 염두에 두고 각각의 주제들을 종합적으로 다루려 했습니다. 선정된 인물은 모두 일곱 명입니다. 환경 분야에서 영향력 있는 여러 인물 가운데 대륙별, 성별, 주제별로 편중되지 않도록 선택했습니다. 우리가 주목하는 개념이 해당 인물의 삶의 맥락 안에서 어떻게 태어났으며 그 의미는 무엇인지, 오늘을 사는 우리에게 던지는 시사점은 무엇인지를 밝히고 함께 읽을 자료와 생각해볼 거리를 덧붙였습니다.

인물과 개념을 함께 주목한 이유는 개념이 저절로 생겨나지 않기 때문입니다. 어떤 개념이든 누군가의 삶의 맥락에서 생겨납니다. 하나의 개념 안에는 시대의 문제를 고민하고 그 문제를 딛고 넘어서려 한 누군가의 선한 의지가 담겨 있습니다. 한 인물의 삶을 따라가며 그가 만들어낸 개념을 만나는 일은 그래서 흥미롭습니다. 개념은 우리가 세계를 만나는 길이기도 합니다. 개념은 때로 삶과 삶을 만나게 하고 사람을 변화시키는 기적도 일으킵니다. 그것은 삶이 주는 놀라운 매력 중의 하나입니다.

우리의 인식과 가치관이 변해야 한다고 말하기는 쉽습니다. 하지만 지금 여기에서 우리의 무엇이 어떻게 달라져야 하는지를 답하기란 쉽지 않습니다. 더욱이 누구나 이해할 수 있는 구체적인 삶의 언어로 대답할 수 있는 사람은 그리 많지 않을 것입니다. 다행히 우리는 그 길에서 누군가의 발자국을 만날 수 있습니다. 그 사람을 직접 만날 수 없어도 상관없습니다. 어떤 개념이 오염과 문제의 시선에 갇혀 있는 우리의 인식을 돌아보게 하고 좀더 나은 삶을 위해 노력하도록 이끄는 힘이 된다면 그 개념은 시간과 공간을 뛰어넘어 우리 모두의 것이 됩니다.

　이 글을 쓰는 내내 문제와 오염으로 가득 채워진 벽을 넘어 지구 안에서 상생하고 공존하며 살아가야 할 인간의 삶에 대해 이야기하고 싶었습니다. 하지만 돌아보니 이 책을 읽는 여러분이 스스로 알아차리기를 기다리지 못하고 성급하게 재촉한 듯 느껴지기도 합니다. 아쉬움이 남지만 여백으로 남겨두겠습니다. 마지막으로 북하우스 편집부 가족들에게 진심으로 고마운 마음을 전합니다.

1장

레이첼 카슨과
침묵의 봄

레이첼 카슨Rachel Carson(1907~1964)

미국의 생물학자인 카슨은 작가가 되려는 꿈을 가지고 펜실베이니아 여대에서 영문학을 전공하다가 생물학으로 전공을 바꾸었고, 존스홉킨스 대학에서 해양생물학으로 석사 학위를 받았다. 이후 정부기관에서 해양생물학자로 일하면서 바다에 관한 책 『우리를 둘러싼 바다*The Sea around Us*』『바다의 가장자리*The Edge of the Sea*』 등을 써서 과학적인 근거와 문학성을 두루 갖추었다는 평가를 받았다. 특히 1962년 출판된 『침묵의 봄*Silent Spring*』은 환경 분야에서 선구적인 저작으로 20세기에 가장 큰 영향력을 끼친 책 중의 하나로 평가받는다. 강력한 상징과 메시지를 담은 이 책에서 카슨은 생태계의 일부인 인간이 오히려 생태계를 파괴하고 있는 잘못된 행위에 주목하면서 환경문제에 대한 새로운 인식을 열었다.

새로운 꿈을 심어준 스킨커 선생님

카슨이 피츠버그에 있는 펜실베이니아 여대에서 영문학을 전공하던 2학년 때였다. 문학을 전공하는 학생도 자연과학 과목을 이수해야 한다는 학교의 규정에 따라, 카슨은 메리 스콧 스킨커 교수의 생명과학 강의를 듣게 되었다. 이 수업을 들으면서 카슨은 스킨커 교수와 함께 자연 답사를 떠나는 일이 많아졌다. 자연 공부라면 이미 자신이 있었다. 어릴 때부터 어머니의 손을 잡고 스프링 데일의 집 근처 숲과 작은 언덕 그리고 앨러게니 강변을 거닐곤 했던 카슨은 그 산책길에서 나무와 꽃, 물고기와 새에 대해 많은 것을 배웠다. 그런데 생물학 수업과 이어진 답사는 단순히 신기하고 즐겁기만 한 것이 아니었다. 어린 시절 자연과 만나면서 느꼈던 설렘은 과학의 세계와 만나면서 깊이를 한층 더해갔다.

숲길을 앞서 걷던 스킨커가 걸음을 멈추고, 조심스레 무릎을 구부리고 앉았다. 무성한 나뭇잎을 가만히 들어 올리자 작고 여린 풀꽃들이 제 모습을 드러냈다. 환호하는 제자들에게 스킨커는 조용히 힘주어 말했다.

"식물의 이름을 알거나 관찰하는 것이 이 수업의 전부는 아니에요. 생명을 소중히 여기는 마음이 더 중요하죠."

스킨커 교수는 자연을 깊이 이해했으며 자연을 보전하는 일에 많은 관심을 기울였다. 키가 크고 열정적인 그녀의 강의는 사람을 잡아끄는 힘이 있었다. 작은 몸집에 수줍음이 많았던 카슨은 당당하게 자신의 삶을 살아가는 스승에게서 강렬한 인상을 받았다. 스킨커 역시 수줍은 듯하면서도 야무진 학생이 남다르게 느껴졌다

카슨은 스킨커와 만나면서 자신의 미래에 대한 고민에 빠졌다. 그녀는 문학에 대해 남다른 열정을 지니고 있었지만, 생물학도 분명 매력적인 분야였다. 3학년이 된 카슨이 생물학으로 전공을 옮기자, 주위 사람들은 이 결정에 당황했다. 당시만 해도 여성에 대한 편견이 매우 심했고 특히 여성이 과학자로서 사회적으로 활동할 수 있는 영역은 매우 좁았다. 카슨의 문학적 재능이 묻혀버릴지도 모르는 일이었다. 카슨 역시 자신의 재능을 아끼는 주변 사람들의 마음을 모르지 않았지만 이미 마음을 굳힌 후였다. 누구도 이 결정을 되돌릴 수 없었다.

4학년 어느 날이었다. 실험실에 혼자 남아 있던 카슨에게 스킨커가 다가왔다.

"더 늦기 전에 박사과정을 마쳐야 할 것 같구나. 난 이틀 뒤에 볼티모어에 있는 존스홉킨스 대학으로 떠날 계획이란다."

스킨커가 떠난 뒤에도, 스승이자 친구였던 그녀의 빈자리는 쉽게

채워지지 않았다. 카슨은 스킨커와 편지나 엽서를 주고받느라 우편함을 열어보는 일이 잦아졌다. 스킨커는 매사추세츠 주 코드 곶에 있는 우즈홀 해양연구소에서 논문을 준비하던 터라 종종 바다의 풍경이 그려진 엽서를 보내곤 했다. 카슨의 작은 두 손에 바다라는 크고 넓은 세상이 들어왔다. 직접 바다를 본 적은 한 번도 없었지만, 카슨은 어린 시절 마을의 농가에서 어패류 화석을 찾아낸 이후로 바다에 관한 책이라면 무엇이든 찾아 읽어왔다. 바다는 그녀가 변함없이 그리워해온 세계였다.

스킨커의 격려와 지원에 힘입어 카슨 역시 존스홉킨스 대학 대학원 석사 과정에 입학했다. 우즈홀 해양연구소에서 운영하는 6주간의 여름방학 특강에 참여하던 날, 카슨은 도착하자마자 기회를 노려 친구와 해안으로 달려갔다. 카슨의 눈앞에 푸른 바다가 끝없이 펼쳐져 있었다. 1932년에 카슨은 해양생물학으로 석사 학위를 받았다.

문학적 감수성을 지닌 해양생물학자

카슨에게는 경제적인 부담이 늘 따라다녔다. 카슨의 상황을 잘 알고 있던 스킨커는 그녀에게 워싱턴 수산자원국의 엘머 히긴스 국장을 만나도록 주선해주었다. 그는 카슨에게 한 가지 제안을 내놓았다.

"우리 부서에서 최근 라디오 방송용으로 〈해저〉라는 교양물을 기획하고 있어요. 그런데 문제가 좀 있어요."

카슨은 가만히 듣고 있었다.

"연구자들이 쓰는 원고는 너무 어렵고, 전문 작가들은 바다를 전혀 알지 못하다 보니 겉도는 이야기뿐입니다. 카슨 씨가 맡아서 해보겠어요?"

자연 다큐멘터리의 방송 대본을 쓸 의향이 있는지 묻는 것이었다.

이는 라디오에서 흘러나오는 소리에만 의존해서 바다 세계의 경이로 움을 펼쳐내는 일이었다. 영상과 내레이션이 곁들여진 자연 다큐멘 터리에 익숙해 있는 오늘날의 우리에겐 생소할 수 있지만, 카슨에게 는 충분히 해볼 만한 일이었다. 카슨은 집으로 돌아오면서 작은 희망 을 느꼈다.

'해양생물학 공부와 글쓰기가 이렇게 연결될 수도 있구나.'

사람이 무언가를 진정으로 사랑한다면 다른 사람에게도 그 마음이 그대로 전해지는 법이다. 카슨의 대본 덕분에 생태계 안에서 수많은 생물들이 서로 의존하며 살고 있는 바다 세계가 다큐멘터리 속에서 생생하게 살아나는 듯했다. 카슨이 들려주는 바다 이야기는 사람들 에게 잔잔한 감동을 불러일으켰다.

1936년 카슨은 상무부 산하 수산자원국(수산자원국은 2차 대전이 끝 난 후 내무부 산하의 '어류와 야생생물국'으로 개편되어 현재에 이르고 있 다)에서 수생물학자로 공무원 생활을 시작했다. 자료 관리나 교육, 홍보와 관련된 일을 주로 맡았는데, 맡은 일에 매우 꼼꼼하고 빈틈이 없었다. 자료를 제작하고 홍보하는 업무에서 실력을 인정받았고, 경 력이 쌓이자 자연스럽게 출판부의 책임을 맡게 되었다. 카슨은 직접 탐사여행을 다니며 관련된 사람들을 만나고, 인터뷰를 통해 현장 자 료를 충실하게 모았다. 이렇게 해서 출판된 책자들은 기존 정부간행

물과는 많이 달랐다.

과학자의 삶을 선택한 순간, 카슨은 글 쓰는 일에서 자연스럽게 멀어질 것이라고 생각했다. 당시에는 누가 보더라도 과학과 문학은 서로 다른 길이었다. 하지만 지나온 삶을 돌아보니 과학적이면서 문학적인 글쓰기는 자신이 할 수 있는 특별한 영역이 되어 있었다. 카슨의 감수성은 문학적인 재능과 과학자로서의 훈련이 더해져 더욱 성숙해졌다.

인간은 자신이 만들어낸 해악을 깨닫지 못한다

카슨이 정부기관에서 생물학자로 일하던 1940년대에 디디티라는 화학물질이 합성되었다. 이는 곤충의 신경계 이상을 일으키는 유기염소 화합물이었다. 이 사실을 알고 있던 카슨과 동료들은 이 화학물질이 언젠가 생태계에 심각한 피해를 가져올 수 있다는 것을 염려했다. 이들이 걱정하던 일이 현실로 나타난 것은 십여 년 후였다.

1950년대 들어 미국의 여러 주에서는 대대적으로 살충제 공중 살포 작업이 벌어졌다. 불개미와 딱정벌레, 모기, 매미나방 등을 박멸하기 위해서였다. 곤충학자들과 자연보호주의자들이 반발했지만 비

행기와 헬리콥터를 이용한 해충방역 사업은 수그러들지 않았다.

1956년 미국 산림청은 4,000평방킬로미터에 해당하는 서부의 산림지역에 디디티를 공중 살포했다. 새순을 갉아먹는 가문비나무 애벌레를 구제해 가문비나무를 보호한다는 명분이었다. 공중에서 쏟아진 하얀 가루는 어마어마한 넓이의 숲을 한순간에 휩쓸고 지나갔다. 애벌레는 눈에 띄게 사라졌다. 문제는 그 다음이었다. 디디티 덕분에 천적이 사라진 숲에서 거미진드기가 제 세상을 맞았다. 거미진드기는 작고 뾰족한 잎을 나뭇잎에 박고 엽록소를 빨아 먹어치웠다. 자연 상태라면 무당벌레나 혹파리, 포식성 진드기와 노린재 등 다양한 포식자에 의해 개체수가 조절되기 마련이지만 이 포식자들은 살충제에 매우 민감했다. 천적이 사라짐에 따라 자연의 견제도 무너지고 거미진드기의 개체수가 빠른 속도로 늘어났다. 숲의 나무들은 누렇게 타 들어가기 시작했고 얼마 지나지 않아 대부분 말라 죽었다.

게다가 1957년 미국 정부는 매미나방을 없애기 위해 추가로 디디티를 공중 살포한다는 계획을 발표했다. 뉴욕 주에 속한 롱아일랜드 역시 그 계획에 포함되어 있었다. 주민들은 자신들이 살아가는 소중한 삶의 터전에 디디티가 무차별적으로 살포되는 것을 두고 볼 수 없다는 데 의견을 같이하고, 자신들의 입장을 담아 법정 소송을 제기했다. 이 소송은 1960년까지 계속되다가 대법원으로 넘어갔지만 결국 기각되었다. 독성이 심각한 이 화학물질이 공중 살포되면 닥쳐올 결과는 불을 보듯 뻔했지만, 그러한 상황을 막으려는 노력은 물거품으로 돌아간 것이다. 주민들은 실망감을 넘어 분노를 느꼈다.

마침내 롱아일랜드에 디디티가 대대적으로 공중 살포되었다. 디디티는 연료유에 섞여 헬리콥터가 이동하는 길을 따라 쏟아져 내렸다. 매미나방이 서식하는 숲뿐 아니라, 목장과 농경지, 양어장과 호수, 심지어 매미나방이 살지 않는 도시에까지 선심 쓰듯 쏟아 부어졌다. 농사는 엉망이 되고 꽃은 시들고 호수 표면에는 새와 물고기, 개구리의 시체가 떠올랐다. 인간의 입장에서 해충이라는 이유만으로 미묘

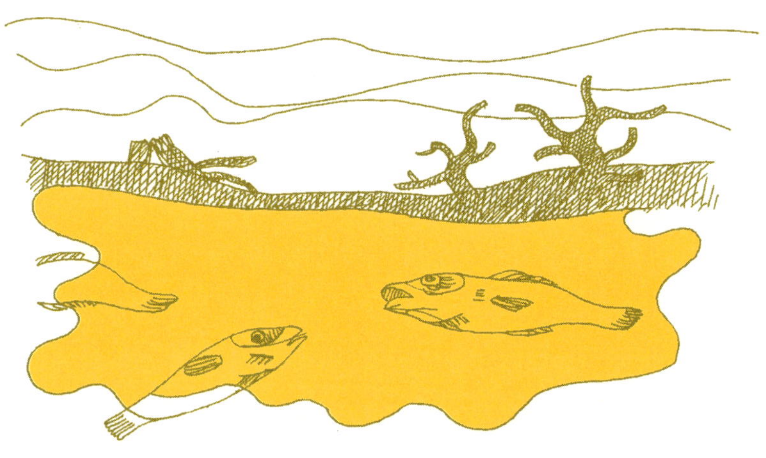

한 균형을 이루고 있는 생태계를 파괴하려 들다니, 이 얼마나 무모한 행위인가? 카슨은 이 일을 계기로 그동안 한편으로 밀처두었던 합성 살충제 문제에 다시 관심을 갖게 되었다. 알베르트 슈바이처 박사는 '인간은 자신이 만들어낸 해악을 깨닫지 못한다'고 말한 적이 있다. 카슨은 그의 목소리가 귓가에 생생하게 들려오는 것 같았다.

살충제의 두 얼굴, 어느 쪽을 향하고 있는가?

생태계 안에서 생명체들은 서로가 서로에게 연결되어 있다. 자연 상태에서 생물들은 서로를 견제하면서 균형을 유지하고 있는 것이다. 생태계의 균형은 역동적이다. 여기에서 역동적이라는 말은 아무런 변화 없이 고정되어 있는 것이 아니라 상황에 따라 언제든지 변화할 수 있다는 뜻이다. 생태계에 생긴 변화는 생태계가 더욱 성숙해지는 계기가 될 수도 있고 생태계가 파괴되는 결과를 가져올 수도 있다. 생태계를 구성하는 상호관계망에 그 비밀이 있다.

그러나 살충제는 생태계의 상호관계를 파괴하고 자연의 균형을 무너뜨리기 때문에 매우 위험하다. 생태계가 파괴되면 그 안에 살고 있는 인간의 삶도 영향을 받을 것이 분명하다. 자연은 인간만을 위해 존재하지 않으며 인간이 통제할 수 있는 대상도 아니다. 인간의 목적을 위해, 살아 있는 생명체를 함부로 죽이거나 파괴하는 살충제에 의존해서는 안 된다. 오랫동안 자연이 스스로를 제어해온 방식을 찾아야 했다.

사실 살충제를 사용할 것인가, 말 것인가는 간단한 문제는 아니다. 생태계를 바라보는 서로 다른 관점이 충돌하는 지점에 바로 합성살충제가 놓여 있다. 우선 살충제 사용을 옹호하는 입장에서는 갈수록 증가하는 세계 인구를 먹여살리기 위해 반드시 식량을 늘려야 하고, 식량 생산성을 높이기 위해서는 살충제 외에 다른 방법이 없다는 논리를 펼친다. 게다가 이와 벼룩, 진드기 등 해충을 박멸하지 않으면 인간을 죽음으로까지 몰고 가는 질병에서 구제할 수 없다고 주장한다. 이런 논리 아래에서 디디티는 인간이 이뤄낸 과학의 성과로 인정받았다. 물론 디디티에 대한 환상을 깨는 우려도 적지 않았지만, 표면적으로는 디디티를 사용하면 인간에게 많은 이익이 돌아오는 것처럼 보인다.

그러나 이러한 경제적인 이득이 어디에서 오는가를 떠올려보면 상황은 달라진다. 생태계를 연결하는 상호관계를 파괴하고 얻는 대가라는 점에서 이러한 생태적 빚은 치명적인 결점이 된다. 한 번 파괴된 생태계는 더이상 인간을 거두지 않는다.

분명한 것은 살충제는 우리가 선택할 수 있는 유일한 길이 아니라
는 것이다.

살충제가 공중에서 무자비하게 살포되는 모습에서 카슨은 무차별
적인 피해를 일으키는 폭탄의 이미지를 떠올렸다. 그리고 디디티와
원자폭탄이 여러 면에서 닮았다고 느끼는 순간 온몸이 섬뜩해졌다.

카슨은 해당기관에 항의 전화를 하거나 편지를 보내는 일을 시작
했다. 그리고 살충제와 관련된 문헌 자료를 광범위하게 조사해나갔
다. 정부기관과 국립도서관, 암연구소 등을 방문하고 관련 분야의 학
자들에게도 적극적으로 도움을 청했다. 수집한 자료들이 수북이 쌓
여 밤늦게까지 자료를 검토하는 날들이 이어졌다. 그 결과 카슨은 합
성살충제의 성분이나 생태계에 미치는 심각한 피해에 대해 많은 사
실을 알게 되었다. 이 문제를 어떻게 해결할 것인지를 두고 카슨의
고민은 더욱 깊어졌다. 분명한 것은 혼자의 힘으로 감당하기에는 너
무 힘겨운 과제라는 것이었다.

개인의 고민을 넘어선 『침묵의 봄』

카슨은 오래전에 마련해둔 메인 주의 여름별장을 찾았다. 별장 가

까운 곳에는 숲이 있었는데, 카슨은 이 숲을 '꿈의 숲'이라고 이름 지었다. 햇볕이 좋을 때면 카슨은 가벼운 산책을 즐겼다. 숲으로 들어서자 개똥지빠귀가 지저귀는 소리가 들려왔다. 고개를 들어 위를 올려다보는 카슨의 얼굴에 빙그레 미소가 번졌다. 나무와 나무의 틈으로 빛줄기가 비쳐들었다. 나뭇잎들이 반짝거렸다.

조용히 숲을 걷다 보면 카슨은 자신도 모르게 길에서 만나는 풀과 나무, 지저귀는 새들, 작은 곤충들과 하나가 되었다. 만일 자연으로 들어서게 해주는 문이 있다면 숲과 나뭇잎 그리고 풀과 나무가 모두 그 문이 될 수 있을 것이다. 그리고 여러 사람이 각각 다른 문으로 들어선다고 해도, 그 길을 따라 계속 걷는다면 결국 대자연 안에서 모두 하나로 만난다는 것도 알 수 있을 것이다.

생태계는 외부의 충격에 쉽게 무너질 만큼 연약한 세계는 아니다. 그렇지만 어떠한 교란에도 끄떡없는 강철 같은 세계도 아니다. 수많은 존재들은 서로가 서로에게 의존하며 생태계를 이룬다. 모두 연결되어 있으므로 생명을 잇는 관계망이 될 수도 있지만, 뜻하지 않게 죽음의 연결고리가 될 수도 있다. 생태적으로 상호관계를 맺고 있다는 말은 이처럼 의미 깊다. 그렇다면 이러한 관계를 파괴하고 죽음으로 이끌 수 있는 살충제는 대체 얼마나 두려운 것인가.

살충제가 유발하는 충격적인 피해를 밝혀내거나 경고하는 것만으

로 해결될 문제가 아니었다. 사람들은 왜 이
러한 일들이 벌어지고 있으며 생태계를 구성
하는 생명의 관계가 파괴될 때 앞으로 어떤
결과가 생기게 될지 진실을 알아야 했다. 카
슨은 자신이 살충제 사용을 문제 삼을 때 닥
쳐올 사회적인 반향을 충분히 예상할 수 있었

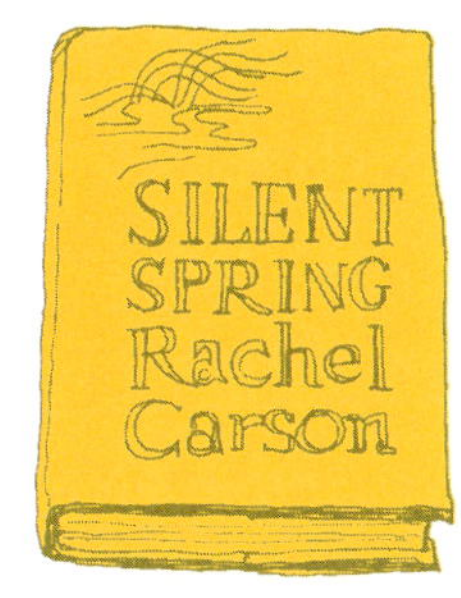

다. 그렇다고 이대로 물러설 수는 없었다. 카슨은 사람들의 생태적
감수성을 일깨우기로 결심했다.

1962년 9월 『침묵의 봄』이 세상으로 걸어 나왔다. 책의 제목은 간
결했다. 하지만 새들이 울지 않는 그날에 닥칠 봄의 침묵은 그 자체
로 강력한 메시지를 담고 있었다. 살충제가 뿌려진 숲에서 새들이 사
라지고 봄이 침묵하는 끔찍한 상황이 현실로 드러나지는 않았지만,
이 책은 엄청난 반향을 불러일으켰다.

인간의 자만심에 맞서다

"우리가 이겨야 할 대상은 자연이 아니라 우리 자신입니다."
"생명의 세계는 인간의 이해를 넘어서 있습니다. 자연과 싸움을 벌일 때조차도 경외심을 잃지 말아야 합니다."

이러한 주장을 담은 『침묵의 봄』이 출간되자 카슨에게는 찬사뿐 아니라 비난도 쏟아졌다. 당시에 살충제와 제초제, 살균제 같은 합성 화학물질은 인간이 거둔 놀라운 성과로 인정받으며 한창 콧대를 높이고 있었다. 이러한 상황에서 카슨의 작고 다부진 목소리는 합성 화학물질을 지지하는 사람들의 들뜬 자만심을 여지없이 꺾어놓았다. 특히 화학회사와 농화학협회, 그리고 이들의 지원을 받고 있던 대학의 연구기관에서는 쉴 새 없이 그녀를 비난했다. 카슨은 끊임없이 구설수에 오르내리며 시사만화의 주인공이 되기도 했다.

이미 예상했던 일이었다. 하지만 합성살충제에 대한 그녀의 생각은 조금도 변하지 않았다. 인간의 이익만을 추구한다는 점에서 살충제는 조야한 무기일 뿐 더이상 기적의 물질이 아니었다.

그동안 생태계와 생태학이라는 용어는 일부 학자들의 연구실에 갇혀 있었다. 하지만 이제 아니었다. 평범한 사람들이 자신의 일상생활 속에서 자연스럽게 생태계, 생태학, 생명의 그물망과 상호관계에 대해 이야기하기 시작한 것이다. 세상에 작은 변화가 나타나기 시작했다. 변화는 또 다른 변화와 이어져 그동안 자연보호에 관심을 가져왔던 사람들에게 환경에 대한 관심을 넓혀주었다. 환경운동의 역사가 서서히 열리고 있었다.

1964년 카슨은 쉰여섯의 나이로 눈을 감았다. 카슨에 대해 세계를 뒤흔들어놓은 당찬 여성의 모습을 상상하는 사람들도 있을 것이다. 하지만 그녀는 내성적이고 수줍음이 많은 사람이었다. 그런데 어떻게 그처럼 용기 있는 주장을 펼 수 있었을까? 용기는 저절로 생기는 것이 아니라 스스로의 의지로 내야 하는 것이다. 무슨 일이든 신념과 애정이 없으면 진정으로 용기를 내기란 어렵다. 수줍고 나서기 싫어하던 카슨과 용기 있게 세상에 맞선 카슨은 둘이 아니었다. 자연에 대한 사랑으로 인해 가능한 일이었다.

아직도 끝나지 않았네

카슨이 남용되고 있다고 지적했던 특정 살충제와 제초제는 오늘날 생산이 중지되었거나 거의 사용되지 않고 있다. 그렇다면 이제 모든 문제가 해결된 것일까?

불행하게도 현실은 그렇지 않다. 우리는 여전히 수많은 화학물질에 의존해 살고 있다. 독성은 약화되었지만 여전히 많은 종류의 살충제가 있고, 잔류성 있는 독성 화학물질의 종류는 오히려 더 많아졌다. 2차 대전 이후 많은 화학물질이 합성되어 빠른 속도와 규모로 천연물질을 대체해왔던 것이다. 독성이 있는 이 합성물질들은 지구상에서 스스로 사라지지 않는다. 생태계의 먹이사슬을 따라 순환하면서 생물의 몸에 농축된다. 생태계의 일부인 인간의 몸 역시 예외일 수 없다.

테오 콜본 등이 지은 『도둑 맞은 미래』는 제2의 『침묵의 봄』으로 널리 알려진 책이다. 이 책은 인간이 만들어낸 수많은 합성 화학물질을 내분비교란물질로 정의하며, 이것이 생태계에 심각한 피해를 일으키고 있음을 경고한다. 이 물질이 바로 오늘날 환경호르몬이라고 불리는 것이다. 환경호르몬의 영향은 단순히 개체의 죽음에 그치지 않는다. 자연적인 성의 균형을 교란시켜 세대를 넘어 전해지는 불행을 낳는다는 점에서 피해는 더욱 커진다.

2001년 5월 '잔류성 유기오염물질에 대한 협약'이 체결되었다. 간단하게 스톡홀름협약이라고도 부르는데, 독성이 강한 잔류성 유기오염물질을 국제적으로 규제하여 인간의 건강과 환경을 보호하는 데 목적이 있다. 유기오염물질로는 디디티를 포함해서 다이옥신, 알드린, 디엘드린, 폴리염화비닐, 헥사클로로벤젠 등 12종이 지정되어 있다. 이 협약은 인간 행위를 규제한다는 점에서 그 자체로 큰 성과다. 하지만 협약을 체결하는 것보다 더 중요한 것은 이러한 문제를 근본적으로 해결하는 것이다. 지금 우리가 직면한 상황은 카슨이 『침묵의 봄』을 썼던 때보다 더욱 심각하고 복잡하다. 합성 화학물질의 종류를 수적으로 줄이거나 독성이 알려진 몇몇 물질을 다른 것으로 대체하는 것만으로 해결할 수 없다. 우리가 현명하다면 끝없이 되풀이되는 악순환의 고리에서 스스로 벗어나기 위해 노력을 기울여야 한다.

오늘날 우리는 왜 카슨과 침묵의 봄을 이야기하는 것일까? 침묵의 봄이 전하는 메시지가 여전히 의미 있다면 그것은 우리가 아직까지 근본적으로 변하지 않고 있다는 뜻일 것이다. 인간은 생태계의 일부이며 생태계에 가한 인간의 행위는 부메랑처럼 인간에게 다시 찾아온다.

앎은 실천과 단짝이다. 진정한 앎은 의미를 구체적으로 이해할 뿐 아니라, 깨달음을 삶 속에서 실천하는 것이다. 인간이 생태계의 일부라는 사실을 깨닫고, 일상생활에서 생태계를 보호하기 위해 노력하는 것. 이것이야말로 침묵의 봄을 기억하되, 침묵의 봄이 던지는 경고에서 자유로워지는 길이다. 긴 겨울을 보내고 봄이 찾아오는 날, 함께 노래하며 우리 곁으로 다가오는 제비 가족을 상상하는 일만으로도 우리는 얼마나 행복한가.

더 읽어보기

🍃 레이첼 카슨, 『침묵의 봄』, 김은령 옮김, 홍욱희 감수(에코리브르, 2002)

모든 생명은 연결되어 있다. 인간이 생태계의 일부로 살아간다는 의미와 책임을 돌아볼 수 있다.

🍃 다이앤 듀마노스키·존 피터슨 마이어·테오 콜본, 『도둑 맞은 미래』, 권복규 옮김(사이언스북스, 1997)

합성 화학물질은 어떻게 우리의 운명을 바꿀 수 있는가. 인간이 지구에 뿌린 합성 화학물질의 종류와 분포, 지구 생명체에 미치는 영향을 과학적 사례를 들어 이야기한다.

『침묵의 봄』 엿보기 —울새의 비극

우리에게 봄을 알리는 제비가 있다면 미국에는 울새가 있다. 강남에서 돌아온 제비가 반가운 것처럼 울새도 겨울을 보내고 봄을 선사하는 정겨운 새다. 그런데 울새에게 과연 무슨 일이 벌어진 것일까. 카슨의 책 속으로 살짝 들어가보자.

미시간 주립대학의 캠퍼스에는 느릅나무가 많았다. 오랜 세월 동안 느릅나무는 울창하게 자라 캠퍼스 곳곳을 아름답게 만들었다. 느릅나무 주변은 울새들이 날아들고 사람들이 즐겨 찾는 장소가 되었다. 그런데 언제부터인가 느릅나무들이 병충해를 겪기 시작하더니 생기를 잃어갔다.

네덜란드 느릅나무병으로 알려진 이 병은 1930년대에 합판을 만들기 위해 유럽에서 들여온 느릅나무 목재와 함께 미국으로 건너왔다. 1954년 대학 측은 느릅나무를 살리기 위해 소규모로 살충제를 살포했다. 다음 해에는 지역 차원에서 매미나방과 모기를 박멸한다는 계획에 따라 상당한 양의 죽음의 비를 다시 퍼부었다. 이 일이 있은 후에도 울새들은 변함없이 캠퍼스를 찾아왔고 한동안은 별다른 문제가 없어 보였다. 하지만 곧 교내 곳곳에서 울새들이 죽어가기 시작했다. 학생들은 아침에 강의실로 걸어가는 동안 죽어가는 새들과 이미 싸늘하게 식어버린 작은 새의 주검을 지켜봐야 했다. 울새들이 먹이를 찾거나 떼를 지어 날아다니는 풍경도 사라졌다. 둥지가 보이지 않았고 둥지가 있어도 청록색의 알은 부화하지 않았다. 귀여운 새끼들도 사라졌다.

얼마나 시간이 지났을까, 살충제와 울새를 연결하는 수수께끼가 풀렸다. 느릅나무 딱정벌레를 죽이기 위한 화학물질이 문제였다. 키 큰 나무의 곳곳에 살충제를 뿌리기 위해 강력 살포기가 동원되었는데 이 과정에서 딱정벌레뿐 아니라 다른 곤충까지 죽었다. 게다가 뿌려진 살충제는 나뭇잎과 줄기에 그대로 남았고 일부는 비와 함께 땅 속으로 스며들었다. 일부는 나무의 몸속으로 들어갔다. 가을이 되자 느릅나무 낙엽이 땅 위로 떨어졌다. 땅 속의 지렁이는 자신이 좋아하는 이 잎들을 마음껏 먹어치웠다. 낙엽을 먹으면 먹을수록 지렁이의 몸속에는 상당한 양의 살충제가 농축되어갔다. 봄이 오자 느릅나무에 울새들이 날아들었다. 울새는 지렁이를 잡아먹었다. 가끔은 웅덩이에 고인 물을 마시거나 깃털을 씻어내기도 했다.

울새의 죽음은 이미 예정되어 있었다. 생명체들은 생태계의 고리를 따라 서로 연결되어 있었고 살충제 역시 그 길을 따라 이어진 것이다. 울새의 비극은 살충제에 중독되었다는 것에 그치지 않았다. 암수 중 어느 한 쪽이 죽거나 때로는 암수 모두가 새끼를 낳기 전에 죽으면서 더 빨리 멸종의 길로 들어섰다.

사람들은 울새를 아꼈다. 울새를 죽인다는 생각조차 하지 않았을 것이다. 울새에게 직접 살충제를 뿌린 것도 아니었다. 그런데도 사람들의 주변에서 울새들이 사라졌다. 느릅나무와 낙엽, 지렁이와 울새, 사람은 서로가 서로에게 연결되어 있었다.

우리가 알게 된 것은 생태계를 벗어나 있는 것은 아무것도 없다는 사실이다. 지구 안에 살고 있는 우리 역시 예외일 수 없다.

이 세상에 잡초는 없다

여러분 안녕하세요?

저는 씩씩한 잡초들의 친구, 조셉 코케이너랍니다. 제가 누구인지 궁금하죠? 저는 지난 50년 동안 생물학과 환경보존학을 연구하고 가르치는 일을 했지요. 그러다 보니 잡초들과 아주 친해졌답니다. 그렇다고 이상한 사람은 아니니까 걱정 말아요.

사실 여러분이 잡초라고 부르는 풀들은 장미나 백합처럼 화려하거나 예쁘지는 않아요. 별다른 쓸모가 없는 존재처럼 보이기도 하지요. 자, 그럼 여러분에게 질문을 하나 할게요.

"이 세상에 처음부터 잡초라고 불릴 만한 식물들이 있을까요?"

있다고요? 정말 그렇게 생각하나요? 만약에 그렇다면 이제부터 제

이야기를 들어보세요. 이 세상에는 원래 잡초란 없어요. 그런데 왜 사람들은 끊임없이 이름 모를 잡초라고 할까요? 그건 자신들에게 손해를 끼친다거나 보기 싫다고 생각하기 때문이에요. 제멋대로 부정적인 낙인을 찍어 잡초라고 부르는 것이죠. 입장을 바꿔서 생각해볼까요. 만약 여러분이 누군가에게 이름 대신 문제아라고 불린다면 슬프지 않겠어요? 처음부터 문제아로 태어나는 사람이 없듯이 세상에서 잡초로 취급받을 만한 식물도 없답니다. 식물들이 말을 할 수 있다면 억울한 심정을 토해낼지도 모르죠. 잘못된 장소에 살고 있다는 이유만으로 사람들의 눈총을 받고 있으니까요.

그래서 오늘은 인간 세상에서 따돌림을 당하고 있는 작고 소박한 식물들을 대신해서 여러분과 이야기하고 싶어요. 우리에겐 잡초일 뿐이지만 이 식물들이 얼마나 중요한 일을 하고 있는지, 이제 잡초들의 이야기를 들어볼까요?

"우리는 땅의 아랫부분에 있는 광물질들을 위쪽으로 옮겨줄 수 있어요. 그래서 농작물이 쉽게 양분을 이용할 수 있지요. 생장에 꼭 필요한 미량원소를 흡수할 수 있게 우리가 도와주는 거랍니다."

"우리는 사람들이 돌려짓기로 농사지을 때 땅의 딱딱한 층을 부수지요. 그러면 농작물은 뿌리를 깊이 내릴 수 있고 양분도 잘 흡수할 수 있어요."

"우리는 땅을 구성하는 입자들을 덩어리지게 만들어요. 그러면 땅이 비옥해지면서 땅 속의 동식물에게 훌륭한 환경이 되죠."

"우리를 보면 땅의 상태를 알 수 있어요. 어떤 곳에 어떤 잡초가 자라고 있는지, 그 상태가 어떤지 알면 땅에 어떤 성분이 부족한지도 짐작할 수 있지요. 우리 참 대단하지 않나요?"

"우리는 땅에 모세관을 만들어 깊은 곳까지 뿌리를 내리고 양분을 흡수할 수 있어요. 그래서 물이 부족한 땅에 있는 농작물이나, 뿌리가 얕아서 땅의 표면에 있는 양분만 흡수하는 농작물은 우리와 함께 있으면 더 잘 자랄 수 있답니다."

"우리는 빗물에 씻겨 내려가거나 바람에 날아갈지도 모르는 광물질과 영양분을 저장하기도 해요. 가끔은 다른 식물들이 이용할 수 있도록 도와주지요."

"우리 중에는 사람들이 즐겨 먹는 나물도 있답니다. 물론 가축에게도 좋은 먹이가 되죠.

이렇게 보니 세상에서 잡초가 하는 일이 참 많지요? 원래 잡초라는 것이 있어 우리의 삶을 끊임없이 간섭한다고만 여기면 독성이 강한 제초제를 뿌리는 일에 별로 주저하지 않을 거예요. 단지 귀찮고 없애버려야 할 잡초일 뿐이니까요. 하지만 이제부터는 잡초를 생명을 지닌 소중한 존재로 대해보세요. 잡초는 땅을 보존하는 데 도움이 될 수도 있고 농부에게 이익을 돌려줄 수도 있어요.

앞으로 이름 모를 풀꽃을 만나게 된다면, 잠시 걸음을 멈추고 이렇게 말해보세요

"지구에서 참 중요한 일을 하고 있구나!"

제가 그랬듯이 여러분도 잡초들과 좋은 친구가 될 수 있어요. 친구가 된다면 더이상 잡초가 아니죠. 그때는 저마다 이름을 지닌 풀씨들의 희망 이야기를 듣게 될 거예요.

제인 구달과
생명 사랑 십계명

제인 구달Jane Goodall(1934~)

영국의 동물학자인 구달은 어릴 때부터 동물들과 함께 살아가기를 꿈꾸었다. 그녀는 대학에서 전문적인 연구와 훈련을 받지는 않았지만 고고인류학자 루이스 리키와 만나면서 운명처럼 자신의 꿈에 다가설 수 있었다. 스물여섯 살에 아프리카 탄자니아의 곰비 숲에 첫 발을 디딘 후 그녀의 인생은 늘 침팬지와 함께였다. 구달은 1965년 케임브리지 대학에서 동물행동학으로 박사 학위를 받았고, 1977년 야생동물 연구와 교육, 보호를 위한 제인구달연구소를 설립해 오늘날 여러 나라에 지역사무소를 두고 활발하게 활동하고 있다. 지금까지 『곰비의 침팬지들*The Chimpanzees of Gombe*』『내가 사랑한 침팬지*The Chimpanzees I Love*』『희망의 이유*Reason for Hope*』『희망의 밥상*Harvest for Hope : A Guide to Mindful Eating*』등의 책을 썼다. 그녀는 현재 많은 나라를 여행하며 인간과 동물, 자연이 서로 평화롭게 살 수 있는 세상을 만들기 위한 희망의 메시지를 전하고 있다.

동물들의 세계에 호기심이 많은 소녀

구달의 집 앞뜰은 아침부터 아이들의 목소리로 활기가 넘쳐흘렀다. 방학을 맞아 악어클럽 회원들이 모두 한자리에 모인 것이다. 악어클럽은 구달의 자매와 이웃에 사는 캐리네 자매가 모여 만든 자연 관찰 클럽이었다. 영국해협이 가까운 이곳 본머스의 버치스에는 큰 나무와 잔디밭이 많고 관목이 우거져 있었다. 집 주변에서 다람쥐와 새, 곤충, 그 밖의 작은 야생동물을 심심찮게 발견할 수 있었다. 친구들과 함께 자연을 관찰하는 것은 언제나 신나고 재미있는 경험이었다. 구달은 동물들을 관찰하면서 그 종류와 생김새와 행동을 꼼꼼하게 기록했다. 구달의 관찰 노트는 클럽 회보를 만들 때 톡톡히 한몫을 했다.

악어클럽 회원들에게는 저마다 별명이 하나씩 있었다. 멋쟁이나비 제인, 바다오리 샐리, 딱정벌레 수, 송어 주디. 이렇게 이름 대신에 별명으로 불리다 보면 아이들은 마치 스스로가 그 동물이 된 것 같은 착각이 들곤 했다.

악어클럽에서는 종종 달팽이 경주가 벌어졌다. 각자가 가진 달팽이의 껍질에 번호를 매긴 후 출발점에 가만히 내려놓으면, 달팽이들은 아이들의 환호를 받으며 앞으로 천천히 기어 나갔다. 달팽이들이

기어가는 길을 따라 아이들도 조심스레 발걸음을 옮겼다. 자신의 달팽이가 길을 벗어날세라 소녀들은 가끔씩 풀잎으로 달팽이의 몸을 살짝 건드려주었다.

해가 저물고 친구들이 모두 집으로 돌아가면 구달은 마당 뜰에 있는 큰 나무 위로 올라갔다. 나무 위에는 땅에서 올려다보는 것만으로는 알 수 없는 또 다른 세계가 있었다. 그곳에서는 혼자만의 조용한 시간을 즐길 수 있었고 살아 있는 나무와 대화할 수 있었다. 구달은 자주 이 나무 위에서 숙제를 하거나 책을 읽었다. 특히 동물과 대화를 할 줄 알았던 두리틀 박사의 이야기와 아프리카의 동물, 그리고 타잔 이야기가 좋았다. 나뭇잎을 스치며 기분 좋은 바람이라도 불어오는 날이면 구달의 마음은 이내 아프리카로 달려가곤 했다.

여우사냥, 그 부끄러운 기억

어린 시절 구달은 주말을 이용해 승마학교에 다녔다. 말을 보살피다 보니 말에 대해 좀더 잘 알게 되었고, 말과 하나가 되어 힘차게 달릴 때면 절로 신이 났다. 그런데 언젠가 한번은 여우사냥에 동행하게 되었다. 영국에서 여우사냥은 17세기 농촌마을에서 여우의 개체수가 급격히 증가하자 가을과 겨울철에 걸쳐 여우를 대대적으로 사냥한 데서 유래되었다. 영국 하원에서 여우사냥을 전면금지하는 법안이 통과된 것이 최근인 2003년 7월이었으니, 당시만 해도 여우사냥은 대표적인 민속놀이로서 일종의 스포츠로 자리 잡고 있었다. 구달 역시 여우사냥을 코앞에 두고 즐거운 모험을 기대했다. 말들이 장애물을 힘차게 넘을 때의 즐거움, 다른 말들과 앞서거니 뒤서거니 하면서 달릴 때의 긴장감, 사냥을 알리는 힘찬 나팔소리들이 어린 소녀의 머릿속에 그려졌다.

드디어 여우사냥을 알리는 나팔소리가 하늘높이 울려 퍼졌다. 사냥개를 앞세운 참가자들은 말에 박차를 가했다. 여우를 발견하자 많은 사람들이 한곳으로 모여들었다. 사람들은 두세 시간을 거의 쉬지 않고 말을 달리며 여우를 몰고 쫓기를 거듭했다. 시간이 지나면서 기진맥진해진 여우는 점점 궁지에 몰렸다.

마침내 여우사냥이 막바지에 접어들었다. 구달은 여우를 에워싼 사람들의 무리에 끼어 사냥감이 된 여우를 바라보았다. 절망에 휩싸인 여우의 눈과 마주치자 구달은 자신도 모르게 고개를 숙여 외면하고 말았다. 사냥개들은 거친 숨을 몰아쉬며 지친 여우를 사정없이 물어뜯었다. 잔인하고 끔찍했다. 구달은 사냥개를 앞세워 불쌍한 여우를 쫓는 그 무리에 자신이 끼어 있다는 사실이 너무나 부끄러웠다.

고고인류학자 루이스 리키와 만나다

구달은 고등학교를 졸업한 후 대학에 진학하지 않았다. 대신에 비서학교를 마친 후 옥스퍼드에서 일을 시작했다. 어느 날 오랫동안 연락이 없던 친구 클로에게서 한 통의 편지가 도착했다. 편지봉투에는 코끼리와 기린이 그려진 아프리카 케냐의 우표가 붙어 있었다. 편지를 읽어 내려가던 구달은 얼굴에서 흥분을 감추지 못했다. 클로가 자신을 케냐에 초대한다고 씌어 있었기 때문이다. 구달은 아프리카에 갈 수 있다는 생각만으로도 행복했다.

구달은 케냐 케슬호를 타고 런던을 떠났다. 아프리카 서쪽 해안을 거쳐 케이프타운을 돌아 21일 만에 항구도시 몸바사에 도착했다. 나이로비까지는 다시 차로 달리는 긴 여정 끝에야 구달은 클로와 그녀의 가족들을 만났다. 구달은 이곳에 오기 전에 미리 케냐에 지사를 둔 영국 회사에 일자리를 구해놓은 터라 친구에게 의존하지 않고도 케냐에 머물 수 있었다.

케냐에 온 지 몇 달이 지났을 때 구달은 루이스 리키 박사에 대한 이야기를 들었다. 당시에 리키 박사 부부는 탄자니아 올두바이 계곡에서 인류의 선조를 찾아 화석을 연구하고 있었다. 몇 년 뒤에 리키 박사는 오늘날 우리가 오스트랄로피테쿠스 로보스투스라고 부르는 초기 인류의 화석을 바로 이곳에서 찾아냈다.

구달은 코린돈 자연사박물관에 있는 리키 박사의 작업실을 찾아갔다. 건물 입구부터 여러 동물의 표본과 화석이 즐비했다. 리키에게서는 오십대의 나이가 주는 넉넉함과 동시에 유쾌하고 순수한 열정이 느껴졌다. 박물관을 안내하면서 리키는 구달에게 이런저런 질문을 해왔다. 구달은 자신이 알고 있는 대로 대답을 했다. 이 젊은 여성에게서 어떤 가능성을 발견한 것일까? 리키는 구달에게 자신의 개인비서 일을 해보지 않겠느냐고 제안했고, 구달은 그 제안을 받아들였다.

리키 부부는 여름이 되면 화석을 연구하기 위해 서너 달씩 올두바이 골짜기를 찾았다. 구달은 리키 박사의 배려로 이 탐사여행에 동행했다. 리키 부부가 작업을 하는 동안 구달은 근처에 조용히 앉아 그 광경을 지켜보거나 화석을 파내는 일을 직접 돕기도 했다. 작업이 끝나고 자유시간이 되면 구달은 동료와 함께 올두바이 곳곳을 돌아다녔다. 때로는 위험에 처하기도 했지만, 모험으로 가득한 아프리카는 생동감이 넘쳤다. 사방이 칠흑 같은 밤, 텐트에 누워 있노라면 멀리에서 야생동물이 울부짖는 소리가 들려왔다. 그 소리는 구달이 아프리카에 와 있다는 사실을 실감하게 해주었다.

아프리카에서 침팬지와의 만남을 꿈꾸다

탐사여행에서 돌아온 뒤 구달은 박물관에서 일을 시작했다. 이로써 경제적인 문제는 해결되었지만 또 다른 문제가 구달을 괴롭혔다. 카카메카 숲으로 수집여행을 따라갔을 때의 일이었다. 구달은 일행들이 표본을 얻기 위해서 덫을 놓아 동물을 잡고 죽인 다음에 가죽을 벗기는 것을 보았다. 그날 느낀 공포와 혐오는 참으로 끔찍했다. 구달의 꿈은 아프리카에서 살아 있는 동물들과 부대끼며 살아가는 일이었다.

어느 날 구달은 리키 박사가 침팬지와 고릴라, 오랑우탄 같은 대형 유인원에게도 관심이 많다는 것을 알게 되었다. 리키는 화석을 연구하는 것만으로는 초기 인류가 어떻게 살았는가 하는 수수께끼를 풀기가 어렵다고 느끼고 있었다. 신체의 일부는 화석으로 남길 수 있지만 행위는 화석화되지 않기 때문이다. 침팬지와 인간의 유전자에 불과 1.3퍼센트 정도의 차이만 있는 것으로 미루어볼 때 침팬지와 인간이 매우 가까운 사이라는 것은 확실했다. 유전자와 환경의 영향 중에서 어느 것이 우선하는지 결정하기는 어렵지만 침팬지의 행동을 연구하면 인류의 조상이 어떻게 살았는지 단서를 찾을 수도 있는 일이었다. 리키와 함께 지내면서 구달은 자신도 모르게 침팬지에 대한 관심이 많아졌다.

노을이 아름다운 어느 날 저녁이었다. 구달은 노을을 배경 삼아 주빌리가 자신을 향해 환하게 웃고 있는 것 같은 착각에 빠졌다. 주빌리는 구달이 한 살 때 선물로 받은 침팬지 봉제인형이다. 이 순간에도 주빌리는 버치스에 있는 구달의 집 침대 머리맡에서 웃고 있을 터였다. 우연이라면 우연일 뿐이었다. 하지만 자신과 침팬지와의 인연이 이미 오래전부터 정해져 있었을지도 모른다는 생각이 들자 구달의 얼굴에는 슬며시 미소가 떠올랐다

침팬지와 함께한 인생이 시작되다

침팬지들은 주로 아프리카 서부 해안에서 동쪽으로는 서부 우간다와 탄자니아까지 열대의 삼림지역에서 발견되었다. 당시만 해도 침팬지에 대해서는 과학적으로 알려진 바가 거의 없었고 현지 연구를 위한 안내서도 턱없이 부족했다. 구달이 침팬지를 연구해보겠다고 결심하자 리키는 진심으로 기뻐했다. 하지만 마음만으로 당장 시작할 수 있는 일은 아니었다. 연구기금을 마련하는 일부터 구달이 그 지역에 들어가는 일까지 여러 승인절차가 필요했다. 구달은 리키 박

사를 떠나 잠시 영국으로 돌아갔다.

1960년 구달이 다시 돌아왔을 때 아프리카 곳곳에서는 전쟁이 벌어지고 있었다. 난민의 행렬이 끊이지 않는 와중에 구달은 탕가니카 호수 근처에 짐을 풀었다. 당시 영국령이었던 탕가니카(오늘날 우리가 알고 있는 탄자니아는 1964년 탕가니카 공화국과 잔지바르 공화국의 연방으로 성립되었다)는 주변의 다른 나라들에 비해 상대적으로 전쟁의 소용돌이에서 비켜서 있었다. 하지만 구달이 이곳을 택한 것은 단지 안전하게 연구할 수 있다는 것 때문만은 아니었다. 최근에 리키 박사가 키고마 근처 산악 지역에서 침팬지를 보았다는 소식을 알려왔기 때문이었다.

데이비드 그레이비어드는 구달이 아프리카에 와서 처음으로 사귄 침팬지였다. 구달과 처음으로 만나던 날, 뺨의 하얀 털이 퍽 인상적인 이 침팬지는 흰개미집 구멍으로 풀줄기를 찔러 넣기를 반복하며 줄기에 묻어 나오는 흰개미들을 입에 툭툭 털어 넣는 중이었다. 제법 여유 있는 모습에 구달은 잠시도 눈을 뗄 수 없었다.

'도구 사용의 역사가 내 눈앞에서 씌어지는 순간이구나!'

당시만 해도 이 세상에서 도구를 사용하는 동물은 인간뿐이라고 알려져 있던 터라 눈앞의 광경은 정말 놀라웠다.

한편 이런 일도 있었다. 오솔길을 걷던 구달은 데이비드를 발견하고 그의 뒤를 가만히 따라갔다. 데이비드는 구달의 눈앞에서 사라졌는가 싶다가 잠시 후 물가에서 다시 나타났다. 둘은 적당한 거리를 두고 서로를 바라보았다. 구달은 땅에 떨어진 나무열매 하나를 집어 손바닥에 올려놓고 데이비드에게 살며시 내밀었다. 데이비드는 배가 고프지 않았는지 열매를 바닥에 떨어뜨리고는 오히려 구달의 손을 잡았다. 말로 표현할 수 없는 벅찬 감동이 구달의 가슴을 가득 메웠다. 캠프로 돌아온 구달은 쉽게 마음을 진정시킬 수 없었다. 곰비에 온 이후 가장 멋진 사건이었다. 그날 밤 구달은 아프리카 숲에서 자신이 가야 할 삶의 방향을 깨달았다.

'여기가 바로 내가 속한 곳이었구나. 이 일은 내가 세상에 태어난 이유였어.'

이후에 데이비드는 구달의 캠프에 자주 나타났다. 종종 바나나를 얻어 돌아가더니 가끔은 친구들과 함께 나타났다. 데이비드는 구달을 침팬지들의 세계로 초대했다. 인간과 침팬지의 구분이 사라진 세계와 만나면서 구달은 조금씩 달라지고 있었다.

곰비 침팬지 가족이 늘어나는 과정을 쭉 지켜본 구달은 침팬지들에게 어울리는 이름을 붙여주었다. 수컷인 골리앗과 윌리엄, 암컷 우두머리인 폴로. 그리고 폴로의 새끼인 피피, 피건, 페이번, 플린트, 플레임. 여기에 피피의 새끼인 프로이드와 프로도, 패니와 플로시.

침팬지들은 처음엔 비슷비슷해 보이지만 알고 보면 사람처럼 저마다 표정이나 습성이 달랐다. 그런데 침팬지에게 숫자가 아닌 이름을 붙여준다거나 성격을 기록하는 일은 당시 동물행동학자들이 하지 않는 행동이었다. 기존 동물학자들은 객관적인 관찰을 위해서 동물들에게는 일련의 숫자를 붙이는 것이 좋으며 관찰자의 감정이입은 자제해야 한다고 강조했다. 인간이 아닌 다른 동물에게 성격이나 마음, 이성적 사고가 있을 리 없다는 것이 정설이었다. 하지만 구달은 그런 사실을 미처 몰랐던 덕분에 아무 선입견 없이 침팬지들을 대할 수 있었다. 이름을 짓고 부르는 행위는 서로가 관계를 맺게 되는 출발점이

다. 그것은 인간과 인간이 아닌 것 또는 관찰자와 관찰 대상자의 관계에서 벗어나, 생명을 가진 고유한 존재로서 인간과 침팬지의 만남을 의미했다. 구달은 종종 자신을 흰색 유인원이라고 말했다. 어느새 침팬지들은 이 흰색 유인원에 대해 경계심을 품지 않았다.

침팬지에게서 인간성의 뿌리를 발견하다

곰비에 온 지 십여 년의 시간이 지났다. 숲 속 침팬지들이 한가로이 지내는 모습을 지켜보고 있노라면 구달은 한없이 평화로워졌다. 침팬지 집단은 인간이 살아가는 세상과는 뭔가 다른 것 같았다. 2차 대전이 일어난 시기에 성장기를 보내야 했던 구달은 오래전부터 인간성과 폭력의 관계에 대해 의문을 갖고 있었다.

'인간은 왜 전쟁과 폭력을 일삼는 것일까? 왜 어리석은 행위를 멈추지 않는 것일까?'

구달은 홀로코스트의 악몽과 끝없는 전쟁의 피해, 폭력, 원자폭탄, 환경오염 등에서 인간이 가진 잔인성과 폭력성을 보았다. 어쩌면 침팬지가 인간보다 더 나은 존재일지 모른다고 생각한 적도 있었다.

그런데 그러던 중 구달이 아프리카에서 쌓아온 침팬지에 대한 신뢰를 산산이 무너뜨릴 만큼 충격적인 사건이 벌어졌다. 1974년부터 1977년 사이에 있었던 이 사건은 곰비 침팬지들의 '4년 전쟁'으로 알려져 있다. 카사켈라 무리가 자신들의 무리에서 이탈한 카하마 무리의 개체들을 지속적으로 잔인하게 공격한 것이다. 처음에 한 무리의 침팬지가 이웃 침팬지의 암컷을 공격하는 것을 목격했을 때만 해도, 구달은 그것을 일회적인 사건으로 여겼다. 그러나 침팬지들은 자신이 속한 무리와 다른 무리를 구분했고, 다른 무리에 대해서는 배타적이고 폭력적인 성향을 보였다. 무리 간의 공격은 점점 잔인해져 상대편의 새끼를 살해하기까지 했다. 심지어는 같은 무리 내에서도 싸움이 벌어졌다.

'침팬지가 이렇게 잔인할 수도 있다니.'

구달은 침팬지들의 어두운 본성과 맞부딪치자 당혹스러웠다.

'인간의 유전자 안에 이미 폭력성의 유전자가 들어 있는 것일까?'

구달은 침팬지들이 폭력성을 보인다는 사실 자체보다 그 사실이 인간의 근원적인 폭력성을 설명하는 단서가 될 수 있다는 점이 더 두려웠다.

1970년대 말 구달은 인간의 오랜 과거 안에 어둡고 악한 본성의 뿌리가 있다는 것을 받아들였다. 침팬지들은 폭력성을 보이기도 하며 고통을 느낀다는 점에서 인간과 비슷했다. 하지만 의도라는 측면에서는 인간과 달랐다. 인간은 적어도 고통의 의미를 알고 있으며 그래서 의도적으로 다른 존재에게 고통을 주는 존재인 것이다.

'그렇다면 우리는 유전자의 영향에서 자유로울 수 없는 것일까?'

구달은 아주 오래전부터 고민해왔던 인간성에 대한 질문이 이렇게 결론이 날지도 모른다고 생각하자 혼란스럽고 고통스러웠다. 구달은 다시 침팬지 집단으로 눈을 돌렸다. 폭력성의 뿌리를 보았듯이 이로부터 벗어날 수 있는 실마리 역시 침팬지 집단에서 찾아낼 수 있을 것이라고 확신했다.

'인간은 서로 사랑하고 다른 존재를 위해 기꺼이 자신을 희생하는 존재이기도 해. 인간성의 뿌리에는 폭력성과 함께 이타적인 마음도 있을 거야!'

모든 침팬지가 평화롭게 지내지는 않았지만, 그렇다고 해서 모든 침팬지가 잔인하거나 폭력적인 것도 아니었다. 어느 날 구달의 눈에 침팬지 스핀과 멜의 다정한 모습이 들어왔다. 스핀은 가족을 잃은 멜을 극진히 돌보고 있었다. 스핀은 멜의 가족이나 친척이 아니었다.

'내 믿음이 틀리지 않았어. 침팬지들에겐 서로를 배려하고 도우며 사는 품성도 있었구나.'

침팬지들은 인간이 오늘날 어떻게 이런 모습을 갖게 되었으며 인간성의 뿌리에 무엇이 있는지를 잘 보여준다. 인간은 폭력적이고 이

기적인 본성을 지니는 한편, 평화를 추구하고 자신을 희생하는 이타적인 본성도 함께 갖고 있다. 중요한 것은 우리가 스스로에게 이러한 상반된 본성이 있다는 것을 자각함으로써 앞으로 어떻게 살아가야 하는지를 선택할 수 있다는 것이다. 우리는 평화롭고 조화롭게 살아갈 수도 있는 반면, 우리를 키워온 자연을 파괴하고 다른 존재에 대한 폭력을 일삼으며 살아갈 수도 있다. 인간에게 선택의 여지가 있다는 것은 우리가 지금 해야 할 일이 있다는 것이며, 그것은 곧 희망을 발견하는 일이다.

침팬지들이 처한 가슴 아픈 현실을 껴안다

1986년 10월 『곰비의 침팬지들』이 하버드 대학 출판부에서 출판되었다. 시카고에서는 이 책의 출판을 기념하여 '침팬지의 이해' 라는 주제로 학술대회가 열렸다. 침팬지를 연구하는 많은 사람들이 한 자리에 모인 대단한 행사였다. 구달은 침팬지 보호 문제를 논의하는 한 분과회의에 참석했는데, 이때 곰비 숲과 침팬지들이 처해 있는 상황을 이전과는 전혀 다른 관점에서 바라보게 되었다.

구달이 탄자니아 국립공원 곰비 계곡에 처음 도착했을 때만 해도 호숫가 전체가 숲이었다. 울창한 숲은 침팬지들에게 좋은 서식처가 되었다. 그런데 지금은 국립공원 경계 바깥으로는 숲이 거의 사라지고 없었다. 곰비 침팬지 집단의 수도 갈수록 줄어들었다. 숲이 변화를 겪으면서 숲 속 침팬지의 삶도 위협받고 있었다.

숲을 파괴하는 것은 다름 아닌 사람이었다. 사람들은 숲을 베어내고 그 자리에 집을 짓고 농사를 지었으며 땔감을 얻고 도로를 만들었다. 숲은 빠르게 사라졌다. 인간이 숲의 깊숙한 곳까지 침입해 들어갈수록 상대적으로 침팬지의 영역은 점점 더 줄어들었다. 변한 것은 숲만이 아니었다. 침팬지를 노리는 사냥꾼들이 주변을 서성거렸다. 어미를 죽이고 새끼만 강탈해 가는 일도 빈번했다. 새끼침팬지는 애완동물이나 구경거리로 팔렸다. 하지만 애완용으로 길러진 침팬지도 성장하면서 야생동물의 특성을 드러내면 버려지기 십상이었다. 숲 주위에는 이렇게 고아가 된 침팬지가 상당히 많았다. 특별한 음식으로 호사를 누리려는 사람들에게 식용으로 팔려가는 침팬지도 적지 않았다. 침팬지들이 위험에 내몰린 것이다. 예전처럼 큰 무리를 이루고 평화롭게 살아가기는 점점 어려워졌다.

자연의 법칙에 따르면 숲의 크기에 따라 숲에 서식하는 동물의 종류와 수가 결정된다. 물론 지구 역사를 돌아보면 자연스러운 환경의 변화로 인해 동물들이 멸종 위기에 처하거나 끝내 사라져가기도 했다. 하지만 숲이 파괴되고 조각난 것은 인간 때문이었다. 인간의 분별없는 행위에 의해 멸종의 속도가 가속화되고 멸종의 길에 들어선 종도 많아지고 있다. 이것은 결코 자연적인 변화가 아니다.

처음 구달이 이곳에 왔을 때와 비교해보면 많은 것들이 달라졌다. 침팬지들이 아프리카에서 평화롭게 살아가게 하려면 그들이 처한 가슴 아픈 현실을 외면할 수 없었다.

사람들의 세상 속으로 희망의 뿌리와 줄기를 뻗다

동물도 성품이 있으며 고통과 사랑, 연민의 감정을 느낀다. 생명을 가진 존재라는 점에서, 자연 안에서는 침팬지도 인간과 동등한 존재다. 구달은 사람들이 동물에게 고의로 고통을 가하는 것이 아니라, 단지 이러한 사실을 모르고 있을 뿐이라고 생각했다. 침팬지에 대해 좀더 관심을 갖고 그들을 이해한다면, 그리고 인간의 무관심과 무지가 침팬지들의 삶에 어떤 슬픔을 가져오는지 그 진실을 깨닫는다면 상황은 변할 수 있다고 믿었다.

1991년 2월 탄자니아의 다르에스살람에서는 조용한 변화가 시작되었다. 구달의 집에 열여섯 명의 아이들이 모였다. 베란다에 둘러앉아 동물들의 행동에 대해 이야기하던 아이들은 동물들이 처한 위험을 서로 공유했다.

"그렇다면 우리는 어떻게 행동해야 하는 걸까?"

어린 아이들이었지만 토론에 참여하는 자세는 진지했다. 구달은 이 아이들에게서 희망의 씨앗을 발견했다. 씨앗은 작고 여리지만 세상을 품고 있는 한 그 힘은 결코 작지 않았다.

이를 계기로 구달은 루츠 앤드 슈츠Roots and shoots 프로그램을 만들었다. 루츠 앤드 슈츠는 이름 그대로 뿌리와 줄기(새싹)라는 뜻이다. 그렇다면 왜 뿌리와 줄기일까? 씨앗은 뿌리와 줄기를 뻗으며 자란다. 뿌리는 세상에 튼튼한 기초를 내리는 바탕이며 줄기는 빛을 향해 뻗어 나아가는 힘이다. 전 세계의 젊은이들이 씨앗이 되어 세상에 뿌리를 내리고 줄기를 뻗을 때 세상의 어떤 벽도 허물 수 있을 것이다. 환경오염의 벽이 무너지고 폭력의 벽이 무너지고 전쟁과 파괴의 벽이 무너져 내릴 수 있을 것이다. 인간은 잔인하고 무지한 면도 있지만 이러한 벽을 넘어설 수 있는 힘과 지혜를 함께 지녔다. 인간이 도덕적으로 영적으로 진화해갈 수 있는 존재라고 믿었던 구달에게 이 일은 더 나은 세계를 향한 의지의 표현이었다. 세상에 희망을 가꾸는 일에 있어 출발점은 바로 희망의 씨앗을 심는 일이었다.

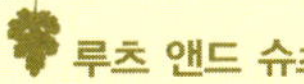 **루츠 앤드 슈츠**

1991년부터 제인구달연구소에서 운영하고 있는 환경교육 프로그램이다. 이 프로그램의 목적은 생명체를 사랑하고 존중하는 마음을 키우고 인간과 동물, 자연이 더불어 행복하게 살 수 있는 지구를 만들도록 영감을 불러일으키는 것이다.

루츠 앤드 슈츠 회원은 현재 전 세계 100여 개국에 걸쳐 있으며 유치원 어린이에서 대학생까지 연령층이 다양하다. 회원들은 각자 속해 있는 지역의 특성과 개인의 관심에 따라 활동의 주제를 자발적으로 선택하고 참여한다. 활동 주제는 크게 환경에 대한 사랑과 관심, 동물에 대한 사랑과 관심, 인간 사회에 대한 사랑과 관심 세 가지다. 환경을 보호하는 일, 동물을 사랑하는 일, 이웃의 어려움을 함께 나누는 일을 자발적으로 실천하는 것으로 누구나 쉽게 이 운동에 동참할 수 있다.

한국에서 이 프로그램은 뿌리와 새싹으로 알려져 있는데, 이제 막 걸음마를 시작하는 단계다. 제인 구달은 2004년 한국 뿌리와 새싹 운동을 공식적으로 시작하기 위해 방한한 적이 있으며 2007년 11월에는 인사동 쌈짓길에서 열린 지구별 초록행진 잔치에도 함께했다. 현재 한국 뿌리와 새싹 본부는 이화여자대학교 행동생태학 연구실에 있다.

우리의 생명 사랑법, 인간과 동물의 관계 맺기

누군가를 사랑하거나 누군가에게 사랑받고 있다고 느낀다면, 그것

은 분명 행복한 일이다. 그런데 사랑을 어떻게 표현해야 할까? 말이나 몸짓, 선물 등의 방법이 언제나 만족스러운 것은 아니다. 한쪽은 사랑을 표현한다고 생각하지만 상대방은 그것을 사랑으로 받아들이지 않는 경우도 있다. 이럴 때 그 관계는 깨지기 쉽다. 그러나 상대를 신뢰하고 존중하는 가운데 서로를 이해하려는 노력을 게을리 하지 않는다면 언젠가 그 사랑은 성숙된다.

우리가 동물을 사랑하는 일은 어떠한가. 생물 분류 체계를 따른다면 인간 역시 동물이다. 여러모로 차이가 있지만, 적어도 생명을 가진 존재라는 점에서 인간과 동물은 평등한 관계에 있다. 그런데 자신과 동물의 생명 가치를 같은 무게로 여기는 사람은 얼마나 될까? 물론 세상에는 동물을 학대하거나 무시하지 않으며 오히려 가족처럼 사랑하는 사람이 많이 있다. 하지만 사랑을 받는 동물들은 인간의 사랑을 어떻게 느낄까?

『장자』에 보면 새를 아름다운 새장 안에 가둬두고 귀한 먹이를 챙겨주면서 사랑을 베풀고 있다고 생각하는 노나라 왕의 이야기가 나온다. 지금 우리가 동물을 사랑하는 방법도 그런 것이 아닐까? 인간이 의도한 것은 아니겠지만 도시의 한복판에서 인간과 동물이 맺는 관계는 아무래도 인간중심적으로 흐르기 쉽다. 동물의 본성에 대한 이해가 부족하거나 왜곡되어 있으면, 동물을 사랑하는 일이 오히려

동물이 누려야 할 자유를 빼앗는 일일 수 있다.

침팬지와 함께한 구달의 인생 이야기는 인간이 동물을 사랑한다는 것의 의미에 대해 많은 것을 가르쳐준다. 그녀가 인생의 대부분을 침팬지와 함께 살아왔다는 것만이 중요한 것이 아니다. 그녀의 삶이 아름다운 이유는 침팬지에 대한 그녀의 사랑이 시간에 따라 성숙되어 왔기 때문이다. 처음에 침팬지 한 마리 한 마리에 머물렀던 그녀의 사랑은 침팬지들이 처한 끔찍한 현실과 직면하면서 변화했다. 이제 그녀의 사랑은 지구에서 동물과 인간이 함께 평화롭게 살아갈 수 있는 길로 확장되었다. 구달은 인간과 동물이 생명을 지닌 존재와 존재로서 만날수록, 그리고 동물을 향한 인간의 사랑이 깊어질수록, 더 많이 알게 되고 그만큼 책임도 커진다는 것을 삶으로 전하고 있다.

오늘날 지구상에서 인간과 동물은 다양한 관계를 맺으며 만나고 있다. 식용으로 사육하는 동물이 있고, 제품 검사나 세포조직 배양 등의 생체실험에 사용되는 동물이 있다. 사냥의 표적이 되는 동물이 있고, 동물원에서 만나는 동물이 있다. 가족의 구성원이 되어 함께 살아가는 반려동물이 있고 여러 사정으로 인해 무책임하게 버려지는 동물들도 있다. 도시에서 평범하게 살아가는 보통 사람이라면 생활 속에서 동물을 직접 만날 수 있는 기회는 그리 많지 않다. 하지만 넓게 보면 인간은 어떤 방식으로든 지구상의 동물들의 삶과 연결되어 있다. 그렇다면 적어도 학대받거나 고통 받는 동물의 권리와 인간의 의무에 대해서 눈을 감아서는 안 된다. 한밤중에 조용히 그녀의 책 『제인 구달의 생명 사랑 십계명 *The Ten Trusts*』을 읽다 보면 우리에게 이렇게 묻고 있는 듯하다.

- 당신은 동물사회의 일원이라고 느낀 적이 있습니까? 그 사실이 기쁩니까?
- 당신은 지구상에 살아 있는 모든 생명을 존중하는 사람이라고

자신합니까?

- 당신은 마음을 열고 동물들에게 배울 것이 있다고 생각합니까?
- 당신은 다른 사람들이 자연을 아끼고 사랑하며 살아가도록 가르치는 일에 열정이 있습니까?
- 당신은 기꺼이 생명지킴이가 되고자 합니까?
- 당신은 자연의 소리에 귀를 기울일 줄 아는 사람입니까? 자연의 소리를 소중히 여기고 보존하려는 마음이 있습니까?
- 당신은 자연을 해치지 않으며 자연으로부터 배우며 살고 있습니까?
- 당신은 우리의 믿음에 확신이 있습니까?
- 당신은 동물과 자연을 위해 일하는 사람들을 돕겠다는 의지가 있습니까?
- 당신은 우리가 혼자가 아니며 희망이 있다는 것을 믿습니까?

더 읽어보기

니겔 로스펠스, 『동물원의 탄생』, 이한중 옮김(지호, 2003)

인간에게 동물원은 어떤 곳인가? 동물에게 동물원은 어떤 곳인가? 인류 역사에서 동물원의 탄생과 역할, 인간과의 관계를 돌아볼 수 있다.

🍃 제인 구달·게리 매커보이·게일 허드슨, 『희망의 밥상』, 김은영 옮김(사이언스북스, 2006)

지구환경, 식물, 동물, 사람, 모두의 건강과 행복, 미래가 우리의 밥상에서 어떻게 만날 수 있는지 이야기한다. 건강한 지구와 건강한 삶은 원래부터 하나라는 것을 일깨운다.

동물원의 동물은 오늘도 안녕한가?

　카를 하겐베크는 현대 동물원의 아버지로 알려져 있다. 그는 1907년에 독일 함부르크 슈텔링겐에 하겐베크 동물원을 세웠다. 창살과 우리 속에 동물을 감금했던 이전의 동물원에 비해, 이 동물원은 개방형 구조에 해자를 두르고 파노라마 방식으로 동물들을 전시함으로써, 동물들에게 좀더 자유를 주면서도 관람객과 경계를 두었다.

　그러나 처음부터 이 동물원이 동물을 위한 낙원이나 동물을 보호하는 장소로 만들어진 것은 아니다. 동물 수집과 거래, 전시, 서커스나 쇼가 이곳에서 이루어졌다. 수많은 관람객이 동물을 구경하기 위해 동물원으로 모여들었고 동물들은 인간의 소유물로 살아야 했다. 동물에게도 권리가 있으며 인간은 그 권리를 배려해야 한다는 인식이 부족했던 시절이었다.

지구상에 처음 동물원이 탄생한 이후에 동물원의 의미는 시대에 따라 변해왔다. 오늘날의 동물원은 동물에 대한 과학적인 연구와 교육이 이루어지는 곳, 자연으로 돌아갈 수 없는 동물을 보호하는 장소이자 아이들이 자연을 경험하고 존중하게 하는 교육의 장소로 여겨진다. 그러나 현실적으로 동물원이 그러한 역할을 충분히 하고 있는지는 확신할 수 없다.

최근 들어 생태동물원이 등장하고 있다. 동물들이 살아온 자연 서식지와 최대한 비슷한 환경을 만들어 '인간을 위한 동물원'이 아니라 '동물을 위한 동물원'으로 전환하려는 것이다. 예를 들면 철망을 없애고 시멘트와 콘크리트로 지어진 삭막한 사육 환경을 개선하고 관람객 위주의 시설을 최소화하고 있다. 동물원을 찾은 사람들은 동물들이 스트레스를 덜 받도록 정해진 동선을 따라 이동해야 하며 정해진 지점에서 숨바꼭질하듯 동물들을 관찰할 수 있다. 이런 점에서 생태동물원은 철창 없는 열린 동물원으로 주목받고 있다. 또한 멸종 위기에 처한 동물들을 보존하고 복원하는 것은 현대 동물원의 세계적인 변화 추세다.

한편 시대에 따라 동물원의 모습과 역할은 변화해왔지만 오늘날에도 동물원이 과연 있어야 하는가 아니면 사라져야 하는가를 둘러싼 논란은 여전하다. 아무리 생태동물원이라고 해도 자연과 비슷한 환경을 만들어줄 수 있을 뿐 그것이 곧 자연은 아니다. 동물들은 여전히 인간의 관리와 통제를 받으며 갇혀 살아야 한다. 우리 역시 동물원을 동물을 구경하고 휴일을 즐겁게 보낼 수 있는 나들이 장소로 여기기 쉽다.

사람과 동물이 함께 평화롭게 살아야 한다는 것은 누구나 알고 있지만 함께 사는 법을 터득하기는 쉽지 않다. 지구환경의 변화는 동물의 삶을 인간에게 점점 더 의존하게 하고 있다. 앞으로 동물원의 미래는 우리에게 달려 있다.

도시 안에서 고양이와
사이좋게 살아가기

얼마 전에 찬이네 집 옥상에서 집 없는 고양이가 새끼를 낳았다. 그 사실을 몰랐던 찬이는 계단을 오르다가 시커먼 물체가 눈앞에서 사라지는 것을 보고 숨이 멎을 듯 놀랐다. 그 후 고양이 가족은 곧 어디론가 사라졌지만 그 후에도 골목을 서성이는 새끼고양이들을 자주 볼 수 있었다. 새끼고양이들은 쓰레기봉투를 찢어 음식물을 뒤지다가 인기척이 나면 주차되어 있는 차 밑으로 재빨리 숨거나 근처의 대문 아래로 유연하게 허리를 낮추어 쏙 들어가버리곤 했다. 우리 주변에 왜 이렇게 버려진 고양이들이 많이 돌아다니는 것일까? 사람들은 동네를 어슬렁거리는 고양이들을 도둑고양이라고 부르며 이들을 탓하지만 알고 보면 인간의 책임이 크다.

　최근 들어 고양이를 기르는 사람이 점차 많아지고 있다. 고양이가 개보다 더 독립적이라고는 하지만 고양이 역시 사람의 손길과 주의를 필요로 한다. 우리가 흔히 사용하는 애완동물이라는 말에는 동물을 인간의 소유물로 여기는 마음이 숨어 있다. 그래서 1983년 10월에 오스트리아 빈에서 열린 '인간과 동물의 관계에 관한 국제심포지엄'에서는 애완동물 대신에 반려동물이라는 말을 사용하자고 제안하였다. 인간과 동물은 함께 살아가는 좋은 동반자라는 의미에서다. 삶의 동반자로서 기꺼이 고양이를 기르려는 사람이라면 고양이의 특성을 이해하고 사랑으로 보호해야 할 책임도 갖게 된다. 물론 타인에게 피해를 주지 않도록 관심을 갖고 훈련도 시켜야 한다.

　하지만 살다 보면 더이상 고양이를 키울 수 없게 되는 상황이 생긴다. 그때는 어떻게 해야 할까? 동물보호협회 등에서 운영하는 동물보호소에 맡기는 것도 좋은 방법이다. 하지만 우선 이웃이나 친구들에게 알리거나 지역신문을 활용해서 적극적으로 새 주인을 찾아주려는 노력이 필요하다. 이는 현행 동물보호법이 동물을 함부로 유기하는 것을 금지하고 있기 때문이기도 하지만, 더 중요한 이유는 사람의 손에서 키워지다가 버려지는 고양이들은 생명체로서 더욱 불행해질 수 있기 때문이다.

　버려진 고양이들은 전염성이 강한 바이러스성 질병과 기생충이나 피부병, 그리고 교통사고의 위험에 그대로 노출된다. 특히 영양섭취가 충분하지 못한 경우 전염병이 발생하기 쉽고 세균과 바이러스에 대한 면역성이 떨어질 뿐 아니라 벼룩 등을 매개로 하는 기생충에 대한 저항력도 낮아진다. 고양이에게 발생하는 질병은 대개는 적절한 보호와 예방접종으로 충분히 해결할 수 있다. 만약에 제때 치료를 받지 못한 고양이가 도시의 후미진 곳에서 죽는 경우 고양이의 사체를 처리하는 데도 어려움이 생긴다.

한편 버려진 고양이 중에서 발정기에 접어든 수고양이들이 세력권을 형성하기 위해 만드는 냄새와 울음소리는 사람들에게 종종 불쾌감을 준다. 성숙한 고양이들은 일 년에 2~3회 새끼를 낳는데, 모든 새끼고양이에게 보금자리를 마련해주기란 현실적으로 어렵다.

그래서 사람들이 생각해낸 방법의 하나가 고양이들의 생식 기능을 제거하는 수술이다. 이것은 동물의 본능이자 자연의 섭리를 거스른다는 점에서 인간이 가하는 고통이며 간섭일 수 있다. 반면 도시에서 사람과 동물이 함께 살아가기 위해서 더이상 불행한 고양이의 수를 늘리지 않으려는 최소한의 배려일 수도 있다.

중요한 것은 사람과 고양이가 동반자로서 행복하게 살아가는 일이다. 과연 어떤 것이 최선의 길일까?

3장

개릿 하딘과
공유지의 비극

개릿 하딘Garrett Hardin(1915~2003)

미국의 생물학자 하딘은 시카고 대학에서 화학을 전공하다가 뒤늦게 동물학으로 전공을 옮겼다. 그는 스탠포드 대학에서 미생물학으로 박사 학위를 받았고 산타바버라에 있는 캘리포니아 대학에서 30여 년 동안 생물학과 인간 생태학을 가르쳤다. 그리고 1968년 「공유지의 비극 *Tragedy of Commons*」을 발표하면서 인구문제와 지구의 한계수용력에 대한 대중의 인식을 전환시켰다. 이 우화는 인구증가와 과방목으로 인한 사막화 문제나 인구와 지구자원 그리고 환경에 미치는 영향 같은 환경 주제 이외에도 공동체 안에서 개인의 자유와 책임이라는 사회적 주제에도 자주 인용되고 있다.

삶의 한계를 일찍 경험한 소년

하딘은 어릴 적에 소아마비를 앓았다. 학년이 높아지면서 그는 친구들과 달리 자신은 하고 싶어도 할 수 없는 일이 있다는 것을 차츰 깨닫게 되었다.

'내가 다른 친구들보다 좀더 잘 할 수 있는 일은 없을까?'

신체의 장애 때문에 물리적인 한계에 부딪치는 상황이 많아질수록 소년 하딘은 자신에 대해 더 빨리 눈뜨게 되었다. 하딘은 책을 읽거나 공부하는 일이 좋았다. 자신이 좋아하는 일이라면 누구보다 잘 해낼 자신도 있었다.

그런데 하딘은 공부를 잘해서 늘 친구들의 부러움을 샀지만 개구쟁이여서 벌을 받는 일도 잦았다. 어느 날의 일이었다. 선생님은 장난을 친 악동들에게 시 한 편을 보여주며 이렇게 말했다.

"이 개구쟁이 녀석들! 이제부터 이 시를 다 외우기 전에는 절대로 집으로 돌아갈 수 없다."

소년들은 걱정이 태산이었다. 하지만 하딘에게 시를 외우는 일은 너무나 쉬웠다. 하딘은 시가 좋았다. 그래서 시를 외우는 일을 벌로 생각하지 않았다. 그 사실을 모르는 선생님은 태연한 얼굴로 한 편의 시를 막힘없이 외우는 하딘이 그저 신기할 뿐이었다. 하딘은 아무 일도 없었다는 듯이 여느 때보다 일찍 집으로 돌아갔다. 이런 일이 거듭되자 선생님은 도서관을 오가며 더 어렵고 긴 시들을 찾아내야 했다. 이렇게 해서 계발된 하딘의 시적 감성은 어른이 된 후에도 그의 글쓰기에서 철학적인 우화의 모습으로 자연스럽게 나타났다.

농장에서 배우다

미국 캔자스 시, 미주리 강변에서 조금 떨어진 곳에 하딘의 가족이 사는 농장이 있었다. 판매업을 하는 아버지 때문에 이곳저곳을 자주 떠돌아다녔던 하딘은 이 농장에 정착하면서 떠돌이 생활에서 벗어날 수 있다는 생각에 행복했다. 농장에서 보내게 될 여름방학과 휴가를 손꼽아 기다리며 신이 났다.

하지만 농장에서 살아가려면 어린아이에게도 책임져야 하는 일이 있기 마련이다. 시간이 지날수록 그 책임도 무거워졌다. 열한 살이 된 하딘은 농장에서 키우는 오백 마리의 닭을 돌보는 일을 맡게 되었다. 때맞춰 모이를 가져다주고 물을 챙기는 일은 쉽지 않았지만 그는 자신이 할 수 있는 일이 있다는 것에 보람을 느꼈다. 그러나 이런 즐거움은 그리 오래가지 않았다.

어느 날 아침 하딘은 먹이통을 들고 걸어가다 말고 닭장 앞에 쪼그리고 앉았다. 닭들은 이리저리 한가롭게 돌아다니다가 하딘을 보고 주위로 몰려들었다. 하딘이 모이를 줄 것이라는 것을 알아챈 모양이었다. 그런 닭들을 보자 자신도 모르게 한숨이 나왔다. 아침 식탁에서 아버지는 하딘에게 요리를 할 수 있게 닭을 잡아놓으라고 말했던 것이다. 고생하는 가족들을 생각하면 좋은 일이었다. 하지만 그동안 보살펴온 닭을 죽여야 한다는 생각에 소년은 한없이 슬퍼졌다.

가끔씩은 근처 도시에 사는 사람들이 농장으로 찾아왔다. 언젠가는 세련된 옷차림을 한 중년의 여인이 농장 문을 들어섰다. 여인은 형과 마주 서서 무슨 말인가를 주고받더니 품에 안고 있던 고양이를 건네곤 집으로 돌아갔다.

"저 아주머니는 누구예요?"

"고양이를 맡아달라고 하는구나. 집에서 쭉 길러왔는데 이사를 하게 돼서 더이상 키울 수 없대. 그간 보살펴온 정이 있으니 차마 죽일 수는 없고 우리에게 대신 부탁을 하려는 거야."

농장을 지키던 개들은 함께 사는 고양이와 도시에서 온 고양이를 신기하게도 잘 구별해서, 낯선 고양이는 물어 죽이곤 했다. 가끔 운 좋은 고양이는 도망을 쳐서 인근 숲 속에 살아남았는데, 시간이 지나자 고양이 무리는 농장을 위협할 정도로 늘어났다. 농장 사람들에게는 자꾸만 늘어나는 야생고양이 떼가 큰 골칫거리가 아닐 수 없었다. 어린 하딘은 낮은 소리로 불평을 하며 고양이 사냥에 나서는 형의 뒷모습을 보았다.

누구든 동물들과 가까이 지내다 보면 즐겁고 신나는 추억을 갖게 된다. 하지만 농장에서는 상황이 조금 달랐다. 어른들에겐 익숙하고 당연하게 받아들여지는 일이 어린 소년에게는 안타깝게만 느껴졌다. 동물을 죽이는 행위는 끔찍했다. 하지만 농장에서 지내는 동안 하딘은 경우에 따라 그래야 할 수도 있다는 것, 그리고 산다는 일은 곧 죽음을 동반하기도 한다는 사실을 어렴풋이 깨달았다.

인구는 지구환경에 어떤 영향을 미치는가

사람은 누구나 자신의 눈으로 세계를 바라본다. 생물학자인 하딘 역시 생물학적인 법칙에 따라 세계를 이해하려는 태도가 자연스럽게 몸에 배어 있었다. 하딘은 학생들에게 생물 군집의 구조와 기능, 특히 생물 군집의 규모와 변동, 특성에 대해 가르쳤다.

지구상에 살고 있는 생물은 환경 조건과 균형을 이루려는 특성이 있다. 생물 군집과 주위 환경은 상황에 따라 서로 돕기도 하고 견제하기도 하면서 상호관계를 이룬다. 생물 군집의 규모가 지나치게 크거나 작지 않을 때는 그렇다. 하지만 생물학적인 법칙에 따르면 일정한 면적 안에서 살아가는 생물 군집은 무한히 성장할 수 없다. 군집의 규모는 초기에는 빠르게 성장하지만 환경 저항에 부딪쳐 차츰 둔화되기 시작해서 어느 시점에 이르면 안정 상태에 이르게 된다.

하딘이 볼 때 지구에서 살아가는 인구의 문제 역시 생물 군집의 특성을 벗어나지 않았다. 지구는 무한하지 않다. 한정된 지구의 조건 안에서 인구 집단은 무한히 증가할 수 없다. 문제는 분명했다. 지구의 자원은 모두에게 돌아갈 만큼 충분하지 않다. 분명한 한계를 가지고 있는데도 인구의 성장은 계속되고 있다. 만일 인구 성장을 멈추지 않는다면 앞으로 심각한 문제가 일어날 수 있다. 그러한 상황이 닥치기 전에 인구를 줄이기 위한 노력이 필요했다. 인간의 미래를 생각한다면 반드시 해결해야 할 문제였다.

우화 「공유지의 비극」을 발표하다

1968년 하딘은 『사이언스』지에 「공유지의 비극」이라는 짧은 우화를 발표했다. 그 내용을 간단하게 살펴보자.

우선 여기에 누구에게나 열려 있는 공공목장이 있다고 가정해보자. 방목지에 한두 마리 정도의 소를 키우기 시작했을 때 소는 여유롭게 이리저리 다니며 풀을 충분히 뜯어 먹을 수 있다. 이 소들은 건강하고 보기 좋게 살찐다. 소들이 점점 늘어나 일정 단계에 이르면 소의 숫자와 풀의 양이 자연스럽게 균형을 이루게 된다. 공공목장의 한계수용력을 넘어서지 않는다면 역동적인 균형 상태는 오래 유지될 수 있다.

그런데 이 마을 목동들은 자신이 비용을 부담하는 개인목장보다는 공공목장에 가축을 가능한 한 많이 풀어놓으려 할 것이다. 비용을 부담하지 않으면서 가축들이 신선한 풀을 마음껏 먹도록 하기 위해서다. 그러나 소의 수가 계속해서 늘어나면 결국 풀이 사라져 목장은 황폐해지고 말 것이다. 공공목장의 균형은 상황에 따라 언제든지 무너질 수 있다.

공공목장이 파괴되면 목동 역시 피해를 입게 된다. 이것을 알면서도 어리석은 행동을 할 수 있을까? 이렇게 한번 생각해보자. 공공목장에서 이익을 얻는 사람은 누구일까? 그리고 피해를 입는 사람은 누구일까? 목동의 입장에서 생각해보면 소를 공공목장에서 키우는 것이 확실히 이익이 된다. 하지만 공공목장이 파괴되면서 돌아오는 손해는 한 사람의 목동에게만 돌아가는 것이 아니다. 공공목장에서 함께 소를 방목하는 모든 사람이 피해를 공유하게 된다. 목장이 황폐해지는 것은 아랑곳하지 않고 눈앞의 작은 이익에 급급한 사람이 계속 많아진다면 공공목장은 어떻게 될까. 굳이 설명하지 않아도 알 수 있다.

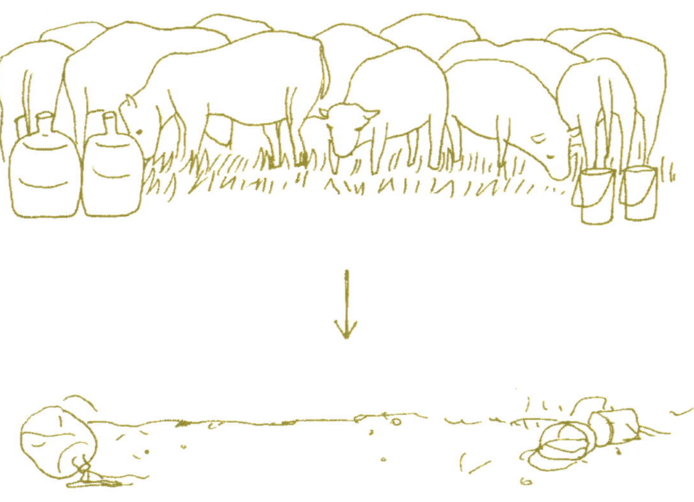

하딘이 우화에서 설명한 것처럼 지구는 공공재로서의 특성이 강하다. 좀더 이야기해보자. 우선 지구의 한계수용력은 무한하지 않은데 지구가 수용할 수 있는 한계에 비해 너무 많은 사람이 살고 있다. 그런데 지구의 자원은 누구에게나 열려 있는 공공재여서 개인들이 어떠한 제약도 받지 않고 이기적으로 환경을 마구 사용하고 있다. 이렇다 보니 바다에는 폐기물이 쏟아 부어지고 물고기들은 남획되고 대기오염 물질은 지속적으로 발생한다. 이러한 행위는 결국 공유지의 비극 같은 끔찍한 파국을 몰고 올 것이 뻔하다. 하딘에게 있어 환경오염은 바로 공유지의 비극이 현실적으로 나타난 결과로, 근본적인 원인은 인간의 이기심과 무책임한 행위다.

물론 우리가 살고 있는 지구의 상황은 하딘의 우화보다는 훨씬 복잡하다. 우화는 그 특성상 단순하고 구체적인 상황에서 출발해 현실을 단순화한다는 단점이 있지만 문제의식을 분명하게 전달한다는 장점이 있다. 하딘의 우화는 지구의 한계수용력과 인구문제를 압축적이고 비유적으로 풀어냄으로써 많은 이들의 관심을 모았다.

어떤 사람들은 이러한 문제에 대한 해법으로 우주를 개발해 인간 삶의 장소로 삼을 수 있으리라고 전망하기도 한다. 그러나 하딘의 대답은 '그렇지 않다'는 것이다. 우리의 현재 삶이 있는 장소가 바로 이 지구이기 때문이다. 지금 우리에게 필요한 것은 여행자의 눈이나 우주인의 시각이 아니다. 지구 안에서 숨 쉬며 두 발을 딛고 살아가는 인간의 입장에서 인간이 처한 이 문제를 해결하는 일이다.

🍇 과방목

과방목은 일정한 면적의 방목지가 제공할 수 있는 것보다 훨씬 많은 수의 소(가축)를 기르는 것을 말한다. 이때는 소가 먹을 수 있는 풀의 양이 부족해지기 때문에 배가 고픈 소들은 풀뿌리까지 파먹으려 든다. 풀은 소의 먹이이자 땅을 보호하는 땅 옷이다. 땅 옷이 벗겨져 나가면 맨 땅이 그대로 드러난다. 방목지에서 풀이 뿌리까지 모두 뽑혀나가고 흙이 드러난 땅 위를 소들이 그 육중한 몸무게로 이리저리 밟고 다니면 땅은 빠르게 침식되기 시작한다. 이러한 땅은 비가 오면 더 빠른 속도로 침식된다. 이 지경에까지 이르면 방목지는 건강한 상태로 회복되기가 어려워진다.

논쟁에 휩싸이다

환경오염에 자연과학적으로만 접근하는 것이 옳을까? 어떤 오염물이 얼마만큼 발생했는지, 어떤 과정을 거쳐 발생하며 어떤 피해가 생기는지를 측정하고 분석하는 등 오염원과 오염물을 밝히는 일이 우리가 할 수 있는 일의 전부일까? 자연과학적인 방법으로 문제의

원인을 밝히고 그것이 전부라고 여기면 문제를 해결하는 방식 역시 자연과학에 치우칠 수 있다. 그런데 환경오염의 문제를 밝히고 해결하는 일이 모두 과학자의 과제일 뿐일까? 환경과학이나 공학과 관련 없는 사람들은 아무런 역할이 없을까?

물론 그렇지 않다. 환경문제는 지구 안에 살고 있는 모든 사람들과 연결되어 있다. 우리 중 누구도 지구를 벗어나 있지 않으며, 우리의 삶은 환경과 매우 복잡한 관계를 맺고 있다. 환경문제는 종합적이고 광범위하며 총체적이다. 자연과학적으로 해결할 수 있는 것이 있지만 이것만으로 해결할 수 없는 것들이 있다. 결국 인간의 문제이기 때문에 인문사회학적인 이해와 실천이 절실한 것이다. 이런 점에서 보면 사람들은 우화 「공유지의 비극」을 통해 환경문제를 새로운 관점에서 바라볼 수 있게 되었다.

그러나 하딘을 향한 세간의 평가가 긍정적이기만 한 것은 아니었다. 특히 하딘이 제시한 해법은 심각한 논란을 일으켰다. 하딘은 공유지의 비극을 막으려면 지구의 자원에 대한 접근을 제한해야 하며, 깨어 있는 소수의 사람들에게만 접근 권리를 주자고 주장한다. 모두에게 돌아갈 만큼 충분하지 않다면, 그래서 모두가 누릴 수 없다면, 전체를 위해서 어느 부분은 어쩔 수 없이 희생을 감내해야 한다는 논리였다. 이러한 제안은 당연히 소수의 특권층과 선진국의 논리를 옹

호한다는 맹렬한 비판을 받았다.

"소수의 사람들만이 자연에 접근할 수 있는 권리를 갖는다면 과연 선택받은 집단은 누구란 말인가?"

"지구상에서 전체를 위해 기꺼이 희생되어도 좋을 만한 집단이 있는가?"

비판은 꼬리를 물고 이어졌다. 어찌 보면 충분히 예상함직한 논쟁이었다.

사회적 합의를 어떻게 이끌 것인가?

하딘은 당시 미국 사회가 처해 있는 현실적인 문제에도 관심이 많았다. 그는 낙태, 제3세계에 대한 해외원조, 핵무기, 이민, 환경오염 등 다양한 사회 이슈에 대해 대중을 상대로 강연을 하고 많은 글을 남겼다. 하딘은 어느새 노인이 되었지만 여전히 풀리지 않는 과제가 남아 있었다.

'공유지의 비극을 어떻게 하면 막을 수 있을 것인가?'

나이가 들면 세상을 바라보는 눈도 달라지는 법일까. 하딘은 젊을 때와는 다르게 생각하게 되었다. 하딘은 자신의 마음속에 떠오르는 생각들을 가만히 따라가보았다.

지구의 자원이 누구에게나 열려 있다면 탐욕스러운 사람이 더 많은 이익을 얻을 것이고, 이러한 사람이 많아지면 많아질수록 이기적인 충동은 서로를 함정에 빠뜨리게 될 것이다. 공유지의 사용에 제한을 두지 않는다면 지나친 방목뿐 아니라 경쟁심에 불타는 개인주의가 더해져 결국 사회적인 재앙을 가져오게 될 것이 분명했다.

하딘은 여기에서 잠시 생각을 멈추었다. 인간이 문제를 해결하는 방식은 다른 동물들과 다르다. 이것은 분명한 사실이다. 공유지의 비극은 인간이 가진 자유와 관련이 있다. 물론 인간의 자유는 논의하기 쉽지 않은 주제였다. 하딘은 다시 생각의 꼬리를 이어갔다.

인간의 자유는 어느 선에서 제한될 필요가 있다. 인간의 자유는 다른 동물이 갖지 못한 선물이 분명하지만 그 선물은 조건부라는 인식이 필요했다. 지구의 바다와 공기, 물과 숲을 누구에게나 자유롭게 완전히 개방할 것이 아니라 전체를 위해 개인의 자유를 어느 정도에서 제한해야 한다.

공유지의 비극은 개인의 힘만으로 해결될 문제가 아니다. 사회 전체의 노력이 이루어져야 했다. 하딘은 그 방법이 무엇일지를 고민하면서 '강제'라는 단어를 머릿속에 떠올렸다. 개인의 자유를 어떻게 억제할 것인가. 인간의 자유가 어느 수준에서 제약되어야 한다면 그것은 사람들이 서로 합의해 이끌어낸 방식의 강제여야 했다. 즉 환경 문제는 기술의 힘만으로 해결될 수 없다. 인간의 도덕심과 가치에 더 무게를 두어야 한다. 인간의 도덕과 신뢰, 사회적 합의가 현실적으로 힘을 발휘하려면 많은 시간이 걸릴 것이고 그 과정은 결코 쉽지 않을 것이다. 하지만 이는 소홀히 넘길 수 없는 중요한 일이다.

세상에는 자연과학의 발전과 기술의 힘만으로는 해결할 수 없는 문제가 있다. 대표적인 예가 공유지의 비극이다. 과학기술의 힘이나 전능하신 신이라도 우리를 구원해줄 수 없다. 지구를 떠나 다른 행성으로 옮겨 가는 일을 꿈꿀 수는 있을지 몰라도 현실적으로 불가능하다. 공유지의 비극은 지구 안에 살고 있는 인간의 문제이며 바로 우리 인간이 해결해야 하는 문제다.

인간다운 삶의 방식이란?

인구는 지구환경에 얼마나 영향을 미칠까? 상식적으로 인구가 많으면 그만큼 자원의 소비가 많아질 것이고 그 결과 환경에 미치는 영향이 커질 것이라고 짐작할 수 있다. 그러나 인구문제를 이야기할 때는 좀더 신중해야 한다. 인구의 절대적인 수만으로 설명할 수 없는

문제들이 있기 때문이다. 수치로 나타나는 인구뿐 아니라 사용되는 자원의 종류와 양, 자원을 이용하는 방식을 모두 고려해야 지구환경에 미치는 충격을 좀더 잘 알 수 있다.

　지구 인구 전체가 자원의 총량을 균등하게 사용하지는 않는다. 모든 사람이 같은 양의 자원을 공평하게 사용하고 있지도 않으며, 자원을 사용하는 기술력의 종류와 규모도 큰 차이가 있다. 지구 자원에 접근하고 이용하는 것 자체가 이미 불평등하다. 그래서 단순히 인구의 절대적인 수만으로 환경에 미치는 영향을 결정하는 것은 매우 위험하다. 베리 커머너는 『원은 닫혀야 한다』에서 인구 자체보다는 사회의 구조적인 문제부터 해결해야 생태계를 보호할 수 있다고 주장한다.

다시 공공재라는 용어를 들여다보자. 이 경제 용어에 지나치게 집착하는 경우에는 지구를 생명부양계가 아니라 인간의 이용과 필요라는 관점에서 자원으로만 바라보게 된다. 그런데 지구는 한계가 있고 무한하지 않다는 것에 대해 좀더 신중하게 접근해보자. 한계가 있다는 것이 절대적으로 부족하다는 말은 아니다. 지구 안에서 인간이 인간으로 살아갈 수 있게 하는 '필요'와 부추겨진 '욕망'을 지혜롭게 구별할 수 있다면 우리가 처한 문제를 해결하는 단서를 쉽게 찾을 수 있을 것이다.

더 읽어보기

● 서화숙, 『행복한 실천』(우리교육, 2005)

한국일보 서화숙 기자가 발로 뛰어다니며 찾아 쓴 대안 사회를 일구는 사람들 이야기. 도심 속 고향 만들기, 대안생리대, 차 함께 쓰기 초록자동차 등 환경실천에 대한 우리의 사고를 넓혀준다.

● 마튜 르 루 · 실벵 다르니, 『세상을 바꾸는 대안기업가 80인』, 민병숙 옮김(마

고북스, 2006)

두 명의 젊은이가 지구 곳곳을 찾아다니며 만난, 지속가능한 미래를 현실로 구현하며 살고 있는 사람들의 이야기. 지속가능한 지구를 위한 대안적인 삶을 엿볼 수 있다.

생태발자국과 환경배낭

우리는 지구 자원을 너무 많이 쓰고 너무 많이 버리며 살고 있다. 그렇다면 과연 지구에 얼마나 많은 짐을 지우고 있는 것일까. 그리고 우리 시대에 진보와 발전의 의미는 무엇일까. '생태발자국'은 캐나다 진보재정의협의회에서 경제학자 마티스 웨커네이걸과 윌리엄 리스가 처음 만들었다. 생태발자국은 사람들이 현재 수준으로 생활하는 데 필요한 모든 자원과 에너지 소비, 그리고 배출된 쓰레기 처리에 필요한 생산적인 땅의 면적을 측정하는 도구다. 지구가 감당할 수 있는 생태발자국은 일인당 1.8헥타르(18,000㎡)다. 우리나라의 경우 녹색연합과 한화환경연구소가 2005년에 측정한 생태발자국지수는 3.56헥타르(35,600㎡)다. 즉 지구 사람들이 우리처럼 산다면 지구가

2.08개 필요하다는 뜻이다. 지금 우리의 생태발자국은 너무 크다.

생태발자국은 여러모로 응용할 수 있다. 예를 들면 걷기와 자전거, 자동차 타기를 비교해 통근 발자국을 측정하거나, 휴대폰의 생태발자국, 에너지 발자국 등을 측정할 수 있다. 특히 탄소 발자국은 우리의 생활이 기후 변화에 미치는 영향을 측정하는 데 매우 유용하다.

한편 독일의 부퍼탈 연구소에 의하면 우리가 사는 지구가 지속가능하기 위해서는 에너지와 자원의 사용을 현재의 4분의 1로 줄여야 한다. 이 연구소는 개개인의 삶의 질을 존중하되 환경에 부담을 주지 않고 살아갈 수 있는 실천 방법을 제시하고 있다. '환경배낭'은 특정 상품을 생산하고 운송하고 소비하고 폐기하기까지 자연에서 사용한 원료의 총량, 즉 상품의 전 생애주기 동안 들어간 자원과 에너지의 양을 보여준다. 모든 상품은 환경배낭을 갖고 있는 것이다. 우리가 알아차리든 그렇지 못하든 우리의 소비에는 환경배낭이 하나씩 딸려 있다. 그리고 현재 우리의 삶을 지탱하고 있는 환경배낭은 너무 무겁다.

생태발자국과 환경배낭은 우리 삶의 방식이 과연 이대로 좋은지 묻는다. 그렇다면 앞으로 우리는 어떻게 생태발자국을 줄일 수 있을까? 어떻게 환경배낭을 가볍게 할 수 있을까? 지구의 생태적 한계 안에서 삶의 질을 함께 고민하는 사람이라면 그 대답은 가까운 곳에서 찾을 수 있다.

　우리가 살아가기 위해서는 음식과 옷, 집과 에너지가 필요하고 이러한 자원은 모두 지구에 의존하고 있다. 지구에 기대어 살아가는 것 자체를 멈출 수는 없지만 좀더 지혜로운 방식을 선택할 수는 있다. 그러고 보면 지금 이 순간 아껴 쓰고 적게 쓰고 나눠 쓰는 삶, 단순하고 느리게 사는 삶의 주인공이야말로 우리 시대를 가장 앞서 살아가는 사람들이다.

세상에 공짜 점심은 없다

아침에 눈을 떴을 때 창을 통해 들어오는 햇살이 기분 좋게 느껴진다면, 더운 여름날 숲길로 들어섰을 때 나무 사이로 불어오는 바람에 마음이 날아갈 듯 가벼워진다면, 매일매일 땅을 밟으며 원하는 대로 오고 가는 데 아무 걸림이 없다면, 계절마다 피어나는 꽃들과 눈 맞추고 작은 나비들의 춤에 저절로 웃음이 지어진다면, 그것은 모두 자연이 우리에게 주는 선물이다. 하지만 우리는 자연의 선물을 그다지 고마워하지 않는다. 햇빛과 숲, 바람과 땅의 서비스는 당연하게 우리가 누릴 수 있는 것이라고 생각한다. 그렇지만 마음에 드는 물건을 살 때나 서비스를 받고 싶을 때는 당연하게 지갑을 연다. 세상에 공짜가 없다는 것을 알기 때문이다. 그런데 왜 지구에서 얻는 자연의 선물은 모두 공짜라고 생각하는 것일까?

어느 날 다음과 같은 내용의 편지 한 통이 도착한다면 당신은 어떻게 할 것인가?

안녕하십니까?

지구회의에서 결정된 사항을 알려드립니다.

그동안 지구는 사람들이 공기를 마음껏 사용할 수 있도록 최선을 다해왔습니다. 깨끗하고 맑은 공기가 얼마나 소중한지는 잘 아실 것입니다. 지구의 공기순환 프로그램에는 태양과 땅과 하늘, 숲과 바다, 식물과 동물 등이 참여합니다. 물론 여러분도 한몫 하고 있습니다.

하지만 사람들은 지구의 공기를 정화하고 깨끗하게 유지하는 일에 힘을 모으기는커녕 그 사실에 무관심하며, 심지어 공기를 오염시키는 일을 멈추지 않고 있습니다. 사람들이 우리의 수고를 모른다고 해서 서운하지는 않습니다. 그러나 이제는 공기가 오염되고 파괴되어 더이상 방치할 수 없는 지경에 이르렀습니다. 사람들은 지구가 주는 선물에 감사하기보다는 이를 당연하게만 생각하는 듯합니다. 공기는 공짜이며 무한하다는 생각이 자리 잡은 것 같아 걱정스럽습니다. 지구 생명체들이 모두 함께 사용하는 공기를 오염시키면서도 전혀 책임을 느끼지 않고 오히려 공기를 정화하기 위해 애쓰는 자연의 순환 시스템마저 파괴하고 있으니 참으로 안타깝습니다.

이러한 상황을 지구회의에서는 더이상 참을 수 없다고 판단했습니다. 그래서 앞으로는 호흡세를 청구하기로 결정했습니다. 여러분은 이제부터 매달, 숨 쉬는 횟수에 따라 비용을 지불해야 합니다. 한숨을 쉬는 경우 특별소비세를 부과할지는 아직 논의 중입니다. 지구회의에서 가치 있게 생각하는 것과 인간세상에서의 화폐가치가 다르니 환율을 어떻게 조정할지에 대해서도 논의가 필요합니다.

구체적인 사항은 결정하는 대로 다시 알려드리겠습니다.

4장

존 뮤어와 국립공원

존 뮤어John Muir(1838~1914)

환경운동가 존 뮤어는 스코틀랜드 던버에서 태어났으나 열한 살 때 미국 위스콘신 주로 이민했다. 뮤어는 기계 발명가가 되려 했지만 실명의 위기를 겪으면서 삶의 전환점을 맞았다. 이후 그는 지구 곳곳을 여행하며 자신이 경험한 자연의 아름다움과 경건함을 글과 그림이 있는 산행 에세이로 남겼다. 이 과정에서 빙하를 연구해 빙하학자로 널리 알려지기도 했다.

뮤어는 요세미티 계곡의 자연을 지키기 위해 이곳을 국립공원으로 지정하도록 노력했으며 1892년에 시에라클럽을 창설했다. 이 단체는 자연보호를 위한 가장 오래된 비영리 단체로 오늘날까지 이어져오고 있다. 또한 1907년에는 요세미티의 헤츠헤치 계곡에 댐을 건설하려는 계획의 시행을 막기 위해 전국적인 캠페인을 벌이는 등 많은 노력을 기울였다. 이런 노력을 통해 뮤어는 국립공원의 아버지, 자연보호의 선구자로 알려져 있다.

집을 떠나 새로운 세계로 향하다

1860년, 스물두 살이 된 청년 뮤어는 독립을 선언하며 가족농장을 떠났다. 미래에 대한 막연한 기대를 품은 채 위스콘신 주 매디슨에서 열리는 한 박람회장을 향해 걸었다.

"자네는 상상력이 기발한데다가 손재주까지 좋으니 반드시 성공할 수 있을 게야."

떠나는 날 아침에 마을사람들은 뮤어의 손을 잡으며 격려해주었다. 고향에선 이미 재주꾼으로 소문나 있었지만 박람회 출품은 처음인지라 뮤어는 말없이 웃음으로 대답했다.

공예관에 도착한 뮤어는 적당한 자리를 골라 등에 진 짐을 풀었다. 이번에 출품할 작품은 자신이 발명한 자명종 침대와 온도계였다. 침대와 시계를 지렛대로 연결해서 만든 자명종 침대는 박람회장을 오고 가는 사람들의 관심을 끌었다. 제법 입소문이 난 덕분에 상금까지 받게 되었다. 이 행사로 뮤어는 새로운 사람들을 만나고 자신의 가능성을 확인할 수 있었다.

이런저런 일들로 시간을 보내던 뮤어는 위스콘신 대학에 입학하게 되었다. 그는 평소에 관심이 많았던 자연사와 식물학, 지질학 등을 집중적으로 공부하기 시작했다. 6월의 어느 날, 뮤어는 교정에서 그리즈워드라는 이름을 가진 한 학생과 만났다. 두 사람은 서로가 식물에 관심이 많다는 것을 알고 자연스럽게 호감을 느꼈다.

"꽃은 숭고한 신의 뜻이라네. 끝도 없는 우주의 비밀로 우리를 인도해주지."

그리즈워드가 말했다. 생각해보면 아주 멋진 말이었다. 뮤어는 그리즈워드가 식물을 바라보는 관점이 자신과는 많이 다르다는 것을 느꼈다. 지금까지 뮤어는 식물의 아름다움에 신의 뜻이 담겨 있다거나, 식물의 특성을 조사하고 분류하는 행위 자체에 어떤 의미가 있을 것이라고 생각해본 적이 없었다. 이날의 만남은 뮤어에게 깊은 인상을 남겼다. 이후 뮤어는 기회가 있을 때마다 산과 들을 찾아다니며 다양한 식물을 채집했다. 채집한 후에는 식물 표본이 시들지 않게 양동이에 담아두느라 그의 좁은 방이 더욱 좁아졌다.

기계 발명가의 꿈을 버리다

청년 뮤어는 식물학을 공부하면서도 여전히 발명에 뛰어난 재주를 가지고 있었다. 대학 시절 뮤어는 아침 강의시간에 늦지 않게 일어나기 위해 개선된 자명종 시계를 발명했다. 미리 정해둔 시간이 되면

침대는 스스로 움직여서 잠든 뮤어를 마룻바닥으로 내동댕이쳤다. 잠결에 봉변을 당하는 것은 예상했던 일이니 웃어넘길 수 있었다.

세분화된 학문에 익숙한 오늘날의 관점으로 보면 식물학과 발명은 서로 다른 영역으로 여겨질 법도 하다. 하지만 청년 뮤어에게 이 둘은 전혀 갈등을 일으키지 않았다. 자연 공부와 발명 모두 삶의 소중한 일부였다.

좋아하는 일이 있는 사람은 행복하다. 하지만 누구나 그렇듯이 청년 뮤어 역시 미래에 대한 결정을 내려야 했다. 진로를 고민하면서 뮤어는 고민에 빠졌다.

뮤어의 어릴 적 꿈은 의사가 되는 것이었다. 그러나 철이 들면서 가난한 이민자의 아들이 의학 교육을 받기란 현실적으로 어렵다는 것을 깨닫고 그 꿈을 접었다. 모든 것이 불투명한 가운데 한 가지 희망은 기계를 다루는 뛰어난 솜씨였다.

'커다란 제작소나 공장에서 일해보는 것은 어떨까?'

과학기술의 성과가 현실적으로 힘을 발휘하는 시대가 다가오고 있었다. 자신의 재능이라면 충분히 가능할 것 같았다. 상상만으로도 즐거웠다.

위스콘신 대학에서 이 년 반의 시간이 흘렀다. 뮤어는 대학을 떠나 간간이 목공소와 공장에서 기계공으로 일하면서 식물을 연구하고 자연을 탐사하는 여행을 계속했다. 그러던 어느 날 앞으로 그가 살아갈 방향을 결정짓는 중요한 사건이 일어났다.

뮤어는 마차의 부속품을 만드는 공장에서 여느 날과 다름없이 작업을 하고 있었다. 그런데 갑자기 뭔가가 튕겨 나와 뮤어의 오른쪽 눈을 찔렀다. 미처 손을 써볼 틈도 없었다.

'혹시 앞을 못 보게 되는 것은 아닐까……'

짧은 시간 동안 많은 생각이 한꺼번에 머릿속을 스쳐 지나갔다.

급히 병원을 찾아갔을 때 의사는 그에게 시력을 잃게 될지도 모른다고 말했다. 다시는 앞을 보지 못할지도 모른다는 불안감이 쉴 새 없이 그를 짓눌렀다. 회복을 기다리는 시간은 참으로 길었다. 마침내 붕대를 풀어낸 뮤어는 긴장된 마음으로 가만히 눈을 떠보았다. 희미하지만 세상이 조금씩 열리고 있었다. 다시 볼 수 있게 되었다는 것을 확인하자 자신도 모르게 눈물이 흘러내렸다. 뮤어는 기계발명가로 살아도 좋겠다는 꿈을 미련 없이 버렸다. 자신이 진정으로 원하는 것이 무엇인지 깨닫게 된 것이다.

자연의 세계로 들어서다

아침에 잠에서 깬 뮤어는 집 밖으로 나와 숨을 깊이 들이마셨다가 내쉬었다. 해가 떠오르면서 밤이 물러가고 온 세상이 깨어나는 소리가 들렸다. 참으로 감사하고 경건한 아침이었다. 끔찍했던 실명 위기를 겪으면서 뮤어는 자신의 삶을 되돌아보게 되었다. 그리고 자신이 살아야 할 이유가 무엇인지 자연 안에서 해답의 실마리를 찾았다. 이제부터 시작이었다.

뮤어는 오래전부터 꼭 하고 싶은 일이 있었다. 바로 남아메리카를 여행하는 것이었다. 아마존의 식물들을 직접 두 눈으로 보고 싶었다.

그동안은 마음뿐이었지만, 이번에야말로 자신이 꿈꿔왔던 남미 여행을 실현하겠다고 결심했다. 지도를 펼치고 인디애나를 출발점으로 테네시와 조지아, 플로리다를 거쳐 멕시코 만까지 여정을 따라 내려갔다. 천 킬로미터가 넘는 먼 길이었다. 혼자서, 그것도 걸어서 떠나는 여행이었다. 그러나 몸도 마음도 한결 자유로워진 뮤어는 두렵지 않았다.

여행하는 동안 뮤어는 일부러 사람들이 잘 다니지 않는 길을 골라서 걸었다. 길을 걷는 과정 자체가 여행의 목적이었다. 걷고 또 걸었다. 햇볕과 나무, 산과 강, 그리고 호수와 풀들이 말을 걸어왔다. 뮤어는 침묵 속에서 자연과 많은 이야기를 나누었다. 숲길을 걸었고 개울을 건넜다. 때로는 큰 비를 만나기도 했다. 날이 맑으면 맑은 대로, 비가 내리면 내리는 대로 예기치 않은 놀라운 장관이 펼쳐졌다. 길을 걷는 내내 예전에 보지 못했던 자연의 다양한 얼굴을 만났다. 해가 저물면 나무 아래로 기어들거나 동굴에서 밤을 보냈다. 가끔은 직접 작은 움막을 짓기도 했는데, 얼기설기 엮은 나무 지붕 사이로 별빛이 쏟아져 내렸다

그런데 플로리다까지 왔을 때 예상치 못한 문제가 일어났다. 계속되는 여행으로 건강이 나빠졌고, 엎친 데 덮친 격으로 남아메리카로 가는 배편을 구할 수 없었다. 뮤어는 남아메리카로의 여행은 아쉽지

만 다음 기회로 미루기로 했다. 그 대신 캘리포니아 샌프란시스코로 향하는 배에 올라탔다. 1868년 봄, 캘리포니아에 도착한 뮤어는 그동안 말로만 들어왔던 요세미티 계곡으로 향했다. 요세미티와 맺은 이 인연이 앞으로 그의 삶에서 중요하게 자리 잡게 되리라는 것을 그때는 몰랐으리라.

뮤어에게 산은 삶 그 자체였다. 낡은 배낭에 약간의 빵과 차, 갈아입을 속옷 몇 벌과 일기장과 수첩이 있다면 그것으로 충분했다. 산을 오르다 보면 평상시에는 하지 못했던 여러 가지 생각이 떠올랐다. 산은 뮤어의 걸음을 자주 멈추게 만들었다. 햇볕을 받아 기분 좋게 따뜻해진 바위에 등을 기대고 앉아 글을 쓰거나 그림 스케치에 집중하다 보면 새로운 세계가 열리는 것을 경험할 수 있었다. 시간의 흐름이 느려지면 사람의 마음도 그 흐름에 맞춰 머물기 마련이다. 사람의 시간과 자연의 시간이 만나 함께 흐를 때 자연은 제 모습을 더 많이 드러냈다. 뮤어는 느리게 흐르는 시간 속에서 자연의 참모습을 발견했다.

빙하학자, 자연의 경건함에 이끌리다

뮤어는 시에라 산에서 양치기로 지내면서 시간이 날 때마다 시에라 산의 곳곳을 오르내렸다. 시에라 산이라면 눈을 감고도 훤하게 알 수 있었다. 시에라네바다 산맥은 캘리포니아 주와 네바다 주를 경계 지으면서 남북으로 길게 뻗어 있다. 해발 3,000미터가 넘는 높은 봉우리가 우뚝 서 있고 이에 기대어 키 작은 봉우리가 줄지어 있으며 일 년 내내 늘 눈이 쌓여 있다. 시에라네바다는 스페인어로 '눈으로 뒤덮인 산맥'이라는 뜻이다. 겨울 동안 산꼭대기에 쌓인 눈은 특유의 고산 빙하를 만들어냈고, 여름이 되면 크고 작은 빙하덩어리가 산 아래로 녹아 내렸다. 흐르는 빙하는 수많은 강줄기를 채우고 초원과 들판을 흠뻑 적셔주었다.

빙하는 물이 흐르며 생기는 지형과 또 다른 모습을 만든다. 절벽과 봉우리, 호수와 개울, 경쾌하게 쏟아져 내리는 폭포는 한데 어울려 아름다운 경관을 빚어냈다. 당시 사람들은 시에라 산이 지각변동에 의해 형성되었다고 알고 있었다. 그러나 뮤어는 이 산이 고산 빙하의 침식작용으로 만들어진 것임을 밝혀냈다. 깎아지른 듯한 협곡이 그 증거였다.

'이건 자연이 돌판에 새긴 시라고밖에 표현할 길이 없구나.'

협곡은 자연이 빙하로 만든 작품 가운데 가장 꾸밈없고 힘찬 것이었다. 뮤어는 나무들이 더이상 자랄 수 없는 수목경계선을 넘어 고산 빙하 지역을 꾸준히 등반했고, 살아 있는 빙하를 보기 위해 알래스카에도 여러 번 다녀왔다.

뮤어는 시에라네바다의 절경을 만들어내고 살아 움직이게 하며 산의 표정을 풍부하게 만드는 힘의 정체가 빙하라고 믿었다. 아름다운 힘의 정체를 직접 확인하고 싶었던 그 마음이 빙하를 과학적으로 탐구하게 이끌었다. 평범한 사람들의 눈에는 빙하의 존재와 계곡의 아름다움이 별개의 것으로 보일 수 있다. 하지만 뮤어의 마음속에서 이 두 세계는 직관적으로 연결되었다. 빙하가 이동하면서 만들어내는 절벽과 쉬지 않고 흘러가는 계곡은 하나였다. 세계는 모두 자연의 섭리에 의해 움직이고 있었다. 작은 꽃들이 흔들리며 내는 종소리, 시에라의 강물이 바다로 흐르며 부르는 노랫소리, 폭포의 합창소리, 햇빛과 달빛, 별빛의 속삭임, 야영지 불빛 주위에 모여 있던 나무와 바위, 키 작은 관목과 데이지. 이 모든 것이 자연이 만들어내는 질서와 아름다움이었다. 누가 가르쳐주지 않았지만 뮤어는 자연과 인간이 하나가 된다는 것이 무슨 뜻인지 깊이 깨닫게 되었다.

있는 그대로의 자연이 더욱 아름답다

뮤어에게 산은 무엇이었을까? 언젠가 뮤어는 최고의 순간에는 모든 것이 종교로 변한다고 말한 적이 있다. 산의 언저리만을 맴돌다 돌아오는 사람이라면 이 말을 제대로 이해하기 어려울 것이다. 인간이 자연의 언어를 이해하고 자연과 교감한다는 것, 자연의 일부로서 자신의 삶이 존재한다는 것을 깨닫는 것, 자연과 대화하며 산을 오른다는 것, 이 모든 경험은 누구나 쉽게 알 수 있는 영역이 아니다. 사람들이 느끼는 산의 표정이 저마다 다른 것은 그 만남의 종류와 깊이가 다르기 때문이다.

세상에는 온전히 자신의 마음을 쏟아 오랜 시간 동안 해본 후에야 비로소 알게 되는 것들이 있다. 자연과 인간이 어떻게 서로 연결되어 있으며 인간이 그 관계 안에서 어떻게 살아야 하는지, 자연과 인간이 어떻게 서로 소통할 수 있는지……. 이는 모두 애정과 시간이 필요한 일이다. 자연을 이해하는 뮤어의 안목 역시 그의 삶 속에서 오랜 세월을 통해 뿌리내리고 성장한 것이었다. 뮤어는 산을 통해 자연과 만났고 있는 그대로의 자연을 지키는 것이 인간에게 얼마나 소중한지 깨달았다. 수많은 존재와 존재를 잇는 상호관계의 그물 안에 우리의 삶이 놓여 있다. 인간이 이러한 관계망을 무시하고 어느 한 부분만을 빼낼 수 있다고 생각한다면 그것은 큰 착각이며 오만이다. 자연은 있는 그대로의 자연일 때 더욱 아름답다. 그 아름다움을 아는 사람이라면 자연 안에서 인간의 삶이 어떠해야 하는지 알 수 있다.

요세미티에서 저마다 다른 꿈을 좇는 사람들

시에라 산 남북줄기 중간에 자리 잡은 요세미티 계곡. 뮤어가 산행의 경험을 글로 발표하면서 이 계곡은 요세미티 밖의 사람들에게도 서서히 알려지기 시작했다. 뮤어는 자신의 오두막을 찾아오는 화가와 시인, 산을 좋아하는 사람들의 안내자로서 기꺼이 그들과 동행했다. 뮤어와 함께 자연의 아름다움을 공유하고 산림보호 의미를 다진 손님 중에는 유명인사도 있었다. 시어도어 루즈벨트 대통령은 이 경험에 영향을 받아 대규모 산림보호계획을 추진했는가 하면, 자연주의자로 유명한 시인 에머슨이 일흔의 노구를 이끌고 요세미티를 찾기도 했다.

그런데 요세미티의 소문난 아름다움을 구경하러 오는 관광객이 많아지면서, 좀더 편리하고 안락하게 관광을 즐기려는 요구가 생겨났다. 한편 요세미티를 파괴하면서까지 경제적 이득을 채우려는 사람도 끊이지 않았다.

요세미티와 인근 지역에는 커다란 세쾨이어 나무가 많았다. 오래 전부터 목재업자들은 큰 나무들을 마구 잘라내 미국 동부와 유럽으로 실어 날랐다. 주민들이 목재업자들의 무분별한 투기를 막기 위해 노력을 기울인 덕분에 이 지역은 에이브러햄 링컨 대통령 시절부터 캘리포니아 주립공원으로 지정되어 주정부의 관리 보호를 받고 있었다. 하지만 법은 실질적인 보호막이 되어주지 못했다. 질 좋은 목재들로 경제적 이익을 누리려는 목재업자들은 필요 이상으로 많은 나무를 잘라냈고 아름다운 계곡은 자꾸만 파괴되어갔다. 목재업자와 함께 광산업자도 한몫을 했다. 금광 개발 전성기만은 못했지만, 운 좋게 금광이라도 발견해 벼락부자가 되기를 꿈꾸는 금광업자들이 계속 몰려들었다.

어떤 이에게는 자연의 경건함이 살아 있는 장소로 느껴지는 곳이 또 다른 이에게는 경제적인 가치로만 보이는 이유는 어디에 있을까? 살아 있는 나무가 목재로만 여겨질 때 숲을 살아 있게 하는 하늘과 땅, 바람과 구름, 햇빛 그리고 숲을 이루는 생명들의 자리는 없다.

자연의 아름다움과 경이로움은 목재나 금과 달리 돈으로 환산될 수 없지만, 가치가 없거나 하찮다는 의미는 아니다. 세상에는 그 자체로 소중한 가치를 지닌 것들이 있다. 하지만 요세미티를 찾는 사람들은 저마다 다른 꿈을 좇고 있었다.

 **요세미티와 골드러시**

미국 개척사 초기의 서부는 낯설고 쉽게 정착할 수 없는 땅이었다. 그러나 1848년 캘리포니아 세크라멘토에서 금광이 발견되었다는 소식이 전해지자 상황이 달라졌다. 수많은 사람들이 금을 찾아 끝없이 로키 산맥을 넘어 모여들었고 금광을 중심으로 인구가 집중되면서 골드러시를 이루었다. 캘리포니아는 기회와 희망의 땅으로 보였다. 사람들은 금을 찾아 시에라 산 요세미티 계곡에까지 발을 들여놓았다. 요세미티가 금광업자와 목재업자들에 의해 몸살을 앓기 시작하고 이 지역이 심하게 훼손되자 에이브러햄 링컨은 요세미티를 주립공원으로 지정했다. 그렇지만 금광업자들이 모두 사라진 것은 아니었다. 1855년부터는 전통적인 금광 채굴 방식뿐 아니라, 모래나 자갈 속의 사금을 채취하는 방식이 도입되었다. 물로 흙을 씻어내는 사금 채취 방식 때문에 계곡은 진흙투성이가 되었다. 그러나 1860년대에 들어 금광의 채산성이 조금씩 줄어들기 시작하자 금광 채굴은 더이상 모험이 아니라 상당한 비용이 드는 사업으로 변해갔다. 1884년 물을 동원한 사금 채취가 금지되었고 골드러시도 사양길에 접어들기 시작했다. 1942년에는 대부분의 금광이 문을 닫았다.

요세미티를 국립공원으로 만들자!

　요세미티에 밤이 깊었지만 뮤어는 쉽사리 잠들지 못했다. 요세미티에서는 수많은 생명이 함께 어울려 살아가고 있다. 이들을 잇는 상호관계가 건강하게 유지될 때 그 아름다움이 빛나는 법이다. 하지만 훼손되고 파괴되기 시작한 요세미티를 이대로 내버려둔다면 다시는 제 모습을 찾을 수 없게 될지도 모른다. 뜬눈으로 밤을 지새우다시피 한 뮤어는 잠자리에서 일찍 일어났다. 새벽 공기를 느끼며 익숙하게 계곡을 따라 걸었다. 뭔가 하지 않으면 안 된다는 자연의 속삭임이 들리는 것 같았다. 말없이 앞을 향해 걷기만 하던 뮤어는 뭔가를 결심한 듯 온 길을 급히 돌아 내려왔다.

　산을 내려온 뮤어는 『센추리』 잡지의 편집장인 로버트 언더우드 존슨을 만났다. 두 사람은 요세미티 계곡이 더이상 파괴되지 않도록 막아야 하며, 좀더 강력한 보호장치가 필요하다는 점에서 서로의 뜻이 같음을 확인했다. 뮤어는 신문과 잡지에 글을 써 보냈다. 요세미티의 아름다움을 널리 알리고 이곳을 지켜야 하는 이유를 많은 사람들에게 호소했다. 이와 함께 요세미티를 국립공원으로 지정하기 위한 캠페인을 적극적으로 벌였다. 국가 차원에서 공원으로 지정된다면 연방정부의 보호를 받게 될 것이므로 삼림을 파괴하는 행위를 좀더 강력하게 규제할 수 있기 때문이었다.

뮤어는 요세미티를 국립공원으로 만드는 과정에서 자신과 뜻을 같이하는 많은 사람들을 만났다. 시에라 산을 잘 아는 사람들도 있었고 함께하는 과정에서 새롭게 알게 된 사람들도 있었다. 살면서 뜻이 통하는 사람들을 만나고 그들과 함께 의미 있는 결실을 만들어내는 일은 참으로 행복한 일이었다.

그들의 노력은 헛되지 않았다. 1890년 요세미티는 국립공원으로 지정되었다. 그리고 얼마 후에는 가까운 곳에 있는 세콰이어 공원과 그랜드캐니언 등이 함께 국립공원으로 지정되었다.

1892년, 시에라클럽이 결성되었다. 시에라클럽은 순수하게 자연을 보존하기 위해 결성된 단체다. 자연을 보호한다는 공동의 목적을 가진, 자연보호의 의미를 이해하고 실천하려는 의지를 지닌 사람들의 모임이었다. 제1세대 환경단체가 세상 속으로 얼굴을 드러내고 있었다. 우리가 시간여행을 할 수 있어서 100여 년 전으로 돌아간다면, 어느 봄날 요세미티 계곡으로 소풍 나온 뮤어와 시에라클럽 회원들을 만날 수도 있을 것이다.

뮤어 대 핀쇼, 헤츠헤치 계곡 댐 건설 논쟁

요세미티의 북서쪽에는 투올름 강줄기를 타고 흐르는 헤츠헤치 계곡이 있다. 아름답기로 이름난 이 계곡은 1890년 지정된 요세미티 국립공원에 포함되어 있었다. 그런데 국립공원 안에 있는 이 조용한 계곡에 댐을 건설하겠다는 계획이 들려왔다.

이곳에 댐을 건설하겠다는 계획은 이전부터 있었다. 헤츠헤치 계곡에서 서쪽 해안으로 가면 샌프란시스코가 있다. 샌프란시스코는 건조한 사막지대인데다가 인구가 집중되어 있어 늘 물 부족으로 어려움을 겪었다. 1882년에 샌프란시스코 시의 기술자들은 헤츠헤치 지역에 댐을 세우면 샌프란시스코에 물을 충분히 공급할 수 있고 수력발전도 가능하다는 제안을 낸 적이 있었다. 하지만 이 지역이 국립공원으로 보호받게 되었기 때문에 제안은 받아들여지지 않았다. 그런데 1906년 샌프란시스코에 대지진이 일어나고 연이은 대화재가 발생하자 상황이 달라졌다. 도시가 폐허가 되고 주민들이 상당한 피해를 입었다. 초기에 화재를 진압할 수만 있었더라도 피해를 줄일 수 있었을 것이라는 안타까움이 터져 나왔다. 결국 도시의 물 부족 문제를 반드시 해결해야 한다는 요구와 함께 헤츠헤치 계곡에 댐을 건설하자는 목소리가 다시 높아지기 시작했다.

1907년부터 헤츠헤치 댐 건설 논쟁이 본격적으로 시작되었다. 당시 루즈벨트 행정부에는 기포드 핀쇼라는 젊고 패기 있는 산림학자가 있었다. 산림 관리를 전문적으로 공부한 핀쇼는 1905년에 신설된 산림청의 책임을 맡고 있었다. 그는 대통령의 친구이자 조언자이기도 했다. 핀쇼의 철학은 분명했다. 자연 자원은 개인의 이익에 의해 마구 사용되어서는 안 되며, 자연을 보호하되 최대다수의 최대행복을 추구하는 공리주의적인 원칙을 유지하자는 것이다. 그에게 자연은 인간이 과학적으로 관리하고 이용해야 할 대상이었다. 과학적인 관리를 강조하며 헤츠헤치 댐을 건설해야 한다고 주장하는 핀쇼는 자연은 그 자체로서 보호되어야 한다는 뮤어와 팽팽하게 맞설 수밖에 없었다.

뮤어는 요세미티에서 의기투합한 대통령과 자신의 인연에 한 가닥 희망을 걸고 편지를 써 보내기도 했다. 하지만 기나긴 싸움은 결국 뮤어의 실패로 끝났다. 1913년에 댐 건설이 승인되어 시행이 현실화되었고 1934년에는 드디어 댐 방류가 시작되었다. 1882년에 댐 건설이 처음 제안되었다는 것을 염두에 두면 반세기 넘게 논쟁이 계속된 셈이다.

뮤어와 시에라클럽 회원들은 자신들이 그토록 노력했음에도 댐 건설이 승인되는 것을 보며 실망을 감추지 못했다. 이듬해에 뮤어는 눈

을 감았다.

　헤츠헤치 댐 건설은 자연을 보호하려는 사람들과 자연을 개발하려는 사람들이 정면으로 충돌한 사례다. 결과적으로 사람들은 댐을 건설함으로써 얻을 수 있는 혜택에 손을 들어주었다. 댐 건설은 자연의 질서를 인위적으로 바꾸는 행위였지만, 당시 사람들은 이로 인해 생태적으로 어떤 부정적인 영향이 생길 수 있는지에 대해서는 깊이 생각하지 못했던 것이다. 인간이 생태적인 질서에 지나치게 간섭할 때 생태적 감수성과 영적인 감흥 역시 사라질 수 있다는 것 역시 그들은 모르고 있었다.

헤츠헤치의 사례는 뼈아픈 교훈으로 남았다. 세계 환경운동의 역사에서 이 사건은 이후에 세계 여러 나라와 다른 지역에서 댐 건설을 둘러싼 논쟁이 벌어질 때마다 큰 힘을 발휘했다.

국립공원, 자연보호를 위한 인간의 선택

세계 최초이자 최대의 국립공원은 미국 와이오밍 주와 몬태나 주의 경계에 있는 옐로스톤 국립공원이다. 옐로스톤이라는 이름은 공원 내에 있는 거대한 계곡의 암석이 노란빛을 띠고 있는 데서 유래했다고 전한다.

1868년에서 1872년까지 일군의 탐험대가 옐로스톤 지역을 탐험했다. 탐험대원들은 인디언 사이에서 전해져 내려오는 장엄한 자연경관이 실제로 존재한다는 것을 직접 확인했다. 이곳은 아름다운 간헐천과 계곡, 숲, 폭포와 호수, 강이 있었고, 수많은 야생동물의 서식지이기도 했다. 이 탐험 보고서에서부터 미국 국립공원의 역사가 시작되었다. 1871년에 헨리 워시번 탐험대에 속해 있던 코넬리어스 헤지스는 한 잡지에 이 지역을 국가적 공원으로 정해서 국민들이 오랫동안 이용할 수 있게 하자는 글을 기고했다. 그 결과 1872년에 옐로스톤국립공원법이 제정되었고 세계 최초의 국립공원이 탄생했다. 이후 국립공원을 지정하려는 운동이 활발히 일어나 미국뿐 아니라 여러 나라에서 국립공원 제도를 채택하게 되었다.

이처럼 뮤어 이전에도 이미 국립공원이라는 개념이 있었다. 그럼에도 뮤어가 자연보호운동의 선구자, 국립공원의 아버지로 기억되는 이유는 무엇일까. 처음에 국립공원을 만든 목적이 무엇인지를 생각해보면 그 이유를 짐작할 수 있다. 초기에 국립공원의 목적은 아름다운 자연을 보호하는 것이 아니었다. 국립공원의 아름다움을 즐기기 위해 찾아오는 이용자들의 편의를 돕기 위해 도로를 포함한 여러 시설을 만들고 관리하는 것이 우선이었다. 이런 경향은 국립공원 제도가 잘 발달된 미국에서조차 1960년까지 계속되었다.

그러나 국립공원의 존재 이유를 자연보호라는 목적에서 찾는다면, 진정한 국립공원은 뮤어에서 비로소 시작된다. 요세미티를 국립공원으로 지정하기 위한 뮤어의 노력은 있는 그대로의 자연을 지키고 보호하기 위한 현실적인 선택이었다. 자연이 만들어내는 경외감, 신비로움, 아름다움 그 자체를 위한 것이었다. 즉 인간의 이용과 편의 중심으로 기울어진 국립공원의 중심추를 자연보호 쪽으로 옮겨 오는 출발점에 뮤어가 있는 것이다.

오늘날에도 개발 논리와 보호 논리가 충돌하는 일은 여전히 일어나고 있다. 여러 번의 시행착오를 거쳐온 지금 우리의 고민은 단순히 자연을 개발할 것인가, 자연을 보호할 것인가 하는 양자택일의 문제가 아니다. 인간이 배제된 자연, 자연을 무시한 인간의 삶은 모두 양극단에 치우쳐 있다. 현실적인 선택은 자연과 인간이 상생하고 공존하며 살아갈 수 있는 길을 찾는 일이다. 우리가 자연보호를 위해 힘을 모으고 의지를 다지는 것은 단순히 반대편에서 들려오는 개발의 목소리를 잠재우려는 것이 아니다. 그것은 자연과 인간의 관계를 새롭게 회복해가는 여정에서 우리가 지금 반드시 해야 하는 일이자, 충분히 할 수 있는 일이기 때문이다.

더 읽어보기

———————

🍃 존 뮤어, 『존 뮤어의 마운틴 에세이』, 리처드 F. 플렉 엮음, 연진희 옮김(눌와, 2004)

뮤어가 남긴 아름다운 산행 에세이 중에서 열한 편이 실려 있다. 오늘날 산의 의미와 산과 인간의 관계를 생각하게 한다.

🍃 톰 브라운, 『숲에서 만난 발자국』, 김훈 옮김(황금가지, 2003)

살아 있는 모든 것의 흔적을 좇는 톰 브라운의 야생 체험기. 한 소년이 아파치 인디언 할아버지 '뒤를 밟는 늑대'로부터 야생생활에 필요한 생존지식과 자연을 사랑하고 순응하는 법을 배우며 성장하는 이야기다.

만약 그곳에 내가 있었다면

사회자 안녕하십니까? 오늘 이 자리에는 시에라클럽의 회장인 존 뮤어 씨와 연방 산림청장인 기포드 핀쇼 씨를 모셨습니다. 두 분을 모시고 헤츠헤치 계곡 댐 건설을 둘러싼 토론을 진행하겠습니다. 함께 참석해주신 시에라클럽 회원 여러분과 샌프란시스코 주민 여러분 감사합니다. 먼저 핀쇼 씨께 질문 드리겠습니다. 처음에는 댐 건설을 반대하셨죠?

핀쇼 네, 그렇습니다. 자연 자원을 낭비하는 사회에서 인간은 번영할 수 없습니다. 개인이나 기업이 자연을 함부로 개발하거나 훼손하는 것을 막아야 합니다.

사회자 그렇다면 댐 건설을 반대하다가 찬성으로 의견을 바꾸게 된 무슨 이유라도 있습니까?

핀쇼 샌프란시스코 화재를 겪으면서 다시 생각하게 되었습니다. 자연은 보호되어야 한다는 뮤어 씨의 의견엔 충분히 공감합니다. 하지만 제가 보기에 요세미티 국립공원을 가장 유용하게 사용할 수 있는 방법은 인구가 집중된 지역에 물을 공급하는 것입니다.

사회자 뮤어 씨도 한말씀 해주시죠.

뮤어 저는 이곳에서 오래 살았습니다. 요세미티는 지금 이 순간에도 심미적인 아름다움과 영적인 경험의 원천이죠. 삶의 안식처가 되는 것은 물론입니다. 제가 보기에 헤츠헤치 계곡을 파괴하면서까지 물과 전기를 만들어 쓴다는 것은 인간의 이기주의일 뿐입니다.

사회자 사람들은 핀쇼 씨가 공리주의자라고 하는데 본인은 어떻게 생각하십니까?

핀쇼 부인하지 않겠습니다. 저는 산림은 좀더 과학적이고 체계적으로 관리되어야 한다고 생각합니다. 자연은 많은 사람들이 오랫동안 유용하게 사용할 수 있는 방식으로 관리될 필요가 있어요. 그래야 자연이 소수의 특권처럼 개발되거나 단기간의 목적에 의해 지나치게 이용되는 것을 막을 수 있습니다.

사회자 자연을 마구잡이로 개발하거나 눈앞의 이익만을 쫓아서는 안 된다는 말씀이군요.

핀쇼 우리가 자연을 보호해야 하는 이유는 지구와 자연 자원을 인간에게 봉사하도록 사용하고 개발하기 위한 것입니다.

뮤어 그렇지 않아요. 자연은 그 자체로 소중합니다. 자연 안에는 인간만이 살고 있는 것이 아닙니다. 인간에게만 이롭게 자연을 사용하려는 것은 옳지 않습니다.

사회자 뮤어 씨는 샌프란시스코 화재 후에 사람들이 이 계곡의 물을 사용할 수 있었다면 피해를 줄일 수 있다고 주장하는 것에 대해서는 어떻게 생각하십니까?

뮤어 제가 아는 한 그렇게 말하는 사람들 중에 이 계곡에 직접 와 본 사람은 별로 없습니다. 헤츠헤치가 요세미티 계곡에서 한참 떨어져 있으며 차로 쉽게 접근할 수 없다는 것도 모르고 있더군요. 자연에 대한 낭만적인 애정만으로는 할 수 있는 일이 별로 없다고 생각하실지 모르겠지만 적어도 헤츠헤치를 전혀 모르는 사람들의 손에 이곳의 운명을 맡겨둘 수는 없습니다.

핀쇼 제가 댐 건설을 주장한 또 다른 이유를 말씀드릴까요. 현재 스프링벨리 전기회사는 전기를 독점하면서 횡포를 부리고 있어요. 댐을 건설해 수력발전을 한다면 충분한 전기를 공급할 수 있고 독점의 횡포도 막을 수 있지요.

뮤어 인간은 자연과 더불어 살아가는 존재입니다. 눈앞의 경제적인 이익만을 쫓아 자연을 관리하거나 이용하려는 행위를 멈추어야 합니다. 자연은 인간이 기대하는 생산성과 유용성을 잣대로 가치를 잴 수 있는 대상이 아닙니다. 이러한 인간의 행위는 자연을 파괴하는 결과를 가져올 것입니다. 자연의 일부인 인간은 있는 그대로의 자연과 마주설 때 이전과 다른 경험을 할 수 있습니다. 핀쇼 씨의 주장은 경제적인 이득을 내세운 정책일 뿐이며 자연파괴를 전제로 한 물질주의일 뿐입니다. 헤츠헤치는 그 자체로 보호되어야 합니다.

사회자 헤츠헤치를 있는 그대로 보호해야 한다는 뮤어 씨의 입장과 이곳을 보호하되 공리주의적인 원칙을 유지하자는 핀쇼 씨의 입장을 모두 잘 알겠습니다. 이 자리에서 쉽게 해결하기 어려운 문제군요. 시간이 제한되어 있어 오늘 토론은 여기에서 마치겠습니다. 나와 주신 여러분께 감사드립니다.

지리산 국립공원에 다녀온 날 찬이의 일기

여름방학 동안 우리 가족은 지리산을 종주하겠다는 야심찬 계획을 세웠다. 8월 초 우리는 기차를 타고 구례역에 내려 역 근처에서 다시 버스로 갈아타고 지리산 성삼재로 향했다. 창밖으로 산허리를 깎아 만든 도로가 아득하게 느껴졌다. 운전사 아저씨는 손잡이를 꼭 잡아야 한다고 은근히 겁을 주었다. 산을 양쪽으로 편 가르듯 난 도로 위로 버스가 달렸다. 성삼재 근처 주차장에 도착하니 하늘이 바로 머리에 와 닿을 것만 같았다. 이렇게 높은 곳까지 도로가 닦여 있다니. 잠시 숨을 돌리고 노고산장으로 향했다. 얼마나 걸었을까 숨이 턱에 차오를 때쯤 마침내 산장에 도착했다.

산장에 짐을 내려놓고 곧장 노고단에 다녀왔다. 노고단에는 정해진 시간에 정해진 숫자의 사람만이 들어갈 수 있으므로 미리 신청을 해야 한다. 이렇게 하는 이유는 산이 훼손되지 않도록 하기 위해서다. 멋진 제복 차림에 모자를 쓴 한 아저씨가 우리를 안내해주셨다. 노고단 정상까지 관찰로를 따라 걷는 동안 아저씨는 길 좌우에 피어 있는 원추리와 산오이풀, 이질풀의 이름을 알려주셨다. 모두 처음 보는 꽃들이었다. 이렇게 높은 산에서 꽃들이 살려면 힘들지 않을까. 아저씨는 몇 년 전부터 노고단의 생태계를 복원하기 위해 여러 가지 노력을 하고 있으니, 시간이 지나면 지금보다 좀더 자연스러운 모습을 갖출 수 있을 것이라고 말씀하신다.

"지리산국립공원은 우리나라 제1호 국립공원입니다. 현재 우리나라에는 지리산, 경주, 계룡산, 한려해상, 설악산, 속리산, 한라산, 내장산, 가야산, 덕유산, 오대산, 주왕산, 태안해안, 다도해 해상, 북한산, 치악산, 월악산, 소백산, 월출산, 변산반도 등 모두 20곳이 국립공원으로 지정되어 있습니다.

처음에 지리산국립공원은 지리산권의 경제를 개발한다는 목적으로 진입로와 집단시설을 만드는 일부터 시작되었지요. 정상을 오르려는 등반객, 건강을 위해 산을 찾는 사람들, 사찰 방문객, 단풍놀이와 물놀이를 위해 단체관광을 온 사람들로 국립공원은 몸살을 앓았습니다. 특히 1980~1990년대에 걸쳐 국립공원 구역 안에 대규모 민간 개발사업이 허가되면서 산을 깎은 자리에 골프장과 콘도미니엄, 스키장과 온천과 수련원 등이 들어섰습니다. 이것이 전부가 아니었지요. 산채나물과 관상식물, 약용식물을 채취하려는 사람들, 고로쇠 수액을 얻으려는 사람들이 들끓었고, 지리산 야생동물을 위협하는 밀렵 행위도 그치지 않았습니다.

많은 사람들에게 국립공원은 놀이의 장소이거나 휴양지, 관광지라고 인식되었습니다. 이렇게 되자 국립공원 곳곳에 이용객들을 위한 시설이 늘어났어요. 주차장이 넓어졌고 진입로를 따라 수많은 식당과 숙박업소, 지역의 특성이 없는 비슷비슷한 기념품가게들이 우후죽순처럼 늘어났습니다. 공원 안에 쭉 뻗어 있는 도로는 국립공원이 사람만을 위한 장소라고 여기던 시절의 흔적입니다. 불행 중 다행인 것은 1990년대에 들면서 국립공원의 목적과 역할이 새롭게 인식되고 있다는 것입니다. 지금 국립공원 곳곳에서는 녹색 희망을 가꾸며 땀 흘리는 사람들이 많이 있습니다."

아저씨는 자신이 이곳에서 우리와 이런 이야기를 하고 있는 것 자체가 변화라며 기분 좋게 웃으셨다. 아저씨의 꿈은 사람들이 진심으로 산의 생태계를 사랑하게 되는 것이란다. 산이 얼마나 소중한지 마음 깊이 느낀다면 누가 시키지 않아도 산을 아끼고 보호하게 될 테니까. 그러한 사람들이 많아질 때 산은 원래 모습을 지킬 수 있고 산에 기대어 사는 우리도 행복할 수 있단다.

솔직히 그동안 나는 국립공원에 별 관심이 없었다. 세상에 재미있는 일이 얼마나 많은데. 하지만 지금은 아니다. 아저씨처럼 멋진 제복을 입고 국립공원에서 일하는 상상을 해본다. 얼마나 멋진 일일까? 만약에 그렇게 된다면 내가 할 수 있는 일은 무엇일까? 또 내가 해야 하는 일은 무엇일까?

5장

제임스 러브록과 가이아

제임스 러브록James Lovelock(1919~)

영국의 과학자 제임스 러브록은 맨체스터 대학에서 화학을 전공했고 런던 대학에서 생물물리학 박사 학위를 받았다. 1970년대 초 바이킹 위성을 발사해 화성에 생명체가 있는지를 탐사하려는 나사(미국 항공우주국)의 계획에 참여하면서, 살아 있는 지구 '가이아' 의 가능성을 발견하게 되었다. 대지의 신을 의미하는 가이아는 살아 있는 지구의 생명력과 아름다움을 담고 있는 이론으로서, 1979년『가이아 : 지구상의 생명을 보는 새로운 관점 *Gaia : A New Look at Life on Earth*』이 출간되어 세상에 알려졌다.

러브록은 미국 예일 대학, 베일러 대학, 휴스턴 대학과 영국 레딩 대학 등에서 강의했으며, 1991년에는 인도 출신의 평화운동가 사티시 쿠마르가 설립한 슈마허 칼리지에서 첫 강의를 맡기도 했다. 그러나 대개 강의보다는 연구 활동에 전념해왔다. 조용했던 영국 월트셔 마을이 개발되어 원래의 모습을 잃어가자 현재는 가족들과 함께 데본셔 콘웰 주로 이사해 가이아 연구를 계속하고 있다.

아버지와 아들, 자연의 소중함을 배우는 동행

육중한 기차바퀴가 천천히 움직이기 시작했다. 기차가 출발하는 소리를 들으며 소년은 차창 밖을 내다보았다. 복잡한 런던 시내의 풍경이 점점 빠른 속도로 뒤로 물러났다. 아버지는 주말마다 어린 러브록과 자주 여행을 떠났는데 그때마다 소년은 설레는 마음을 숨길 수 없었다. 아버지는 정규 교육을 많이 받지는 못했지만, 지적이고 삶에 대한 열정과 호기심이 많은 사람이었다. 소년에게 있어 아버지만큼 자연의 세계에 대해 많이 아는 사람은 이 세상에 없었다.

어느 날의 일이다. 아버지는 물에 빠져 허우적대는 장수말벌 한 마리를 조심스레 건져 근처 수풀에 놓아주었다. 장수말벌은 날개가 젖은 탓에 쉽게 날아가지 못했다.

"장수말벌은 사람을 쏘아대니 위험하잖아요."

아버지는 소년의 말투에 담긴 뜻을 알아차렸는지 미소를 지으며 대답했다.

"벌이 일부러 사람을 공격하는 법은 없단다. 살아 있는 존재들은 모두 소중하지. 저마다 목적을 갖고 태어나거든."

생물의 탄생 목적이라니? 모든 생물이 신에 의해 만들어졌다는 뜻일까? 하지만 러브록은 아버지가 교회나 성당에 나가는 것을 본 적이 없었다. 소년은 고개를 갸웃거리며 아버지의 얼굴을 바라보았다.

"곤충과 식물은 서로에게 의존하며 살아간단다. 곤충은 식물이 열매를 맺도록 도와주거나 해충을 잡아주지. 대신에 자신은 먹이를 얻는단다. 우리가 즐겨 먹는 열매들이 어디에서 오는지 잘 생각해보렴. 자연 안에서 혼자 살 수 있는 것은 없단다."

어른이 된 후에도 이날 아버지의 말은 러브록의 기억 속에 또렷하게 남았다. 살아가는 존재들은 모두 서로 관계를 맺고 있으며, 우리는 이들을 존경하고 사랑하는 마음을 가져야 한다는 말이 귓가에 들리는 것 같았다. 러브록은 때때로 직관적으로 강렬하고 분명한 느낌을 받곤 했지만 아직 그것이 무엇인지는 잘 알 수 없었다.

과학자로서 독립적인 길을 걸어가다

어릴 때부터 러브록에게 과학은 그 자체로 매력이 가득한 세계였다. 그는 박물관이나 지역도서관을 찾아가 과학에 관련된 책들을 빌려 읽으며 과학을 향한 꿈을 키웠다. 시간이 흐르면서 특히 천문학과 화학, 물리학 분야에 구체적인 관심이 많아졌다. 사춘기에 접어들자 과학자가 되고 싶다는 꿈이 생겼다. 과학자가 된다면 자연의 세계를 좀더 깊이 이해할 수 있으리라 생각했다. 경제적으로 넉넉하지 못했던 터라 크고 작은 어려움을 겪었지만 맨체스터 대학과 런던 대학에서 화학과 생물물리학을 공부했다.

다행히 러브록은 발명에 남다른 소질이 있었다. 발명을 직업으로 삼을 생각은 없었지만, 발명가로서 이름이 알려지고 발명품들이 특허를 얻게 되자 스스로 경제적인 기반을 갖춰 다른 일을 하지 않고도 생활을 유지할 수 있게 되었다. 한때 대학과 연구소에서 일하기도 했지만 삶의 대부분을 연구 기관이나 직장에 얽매이지 않았다. 특정 기관이 제공하는 연구비 지원에 매달리지 않고 자신이 하고 싶은 연구 주제에 전념하면서 과학자로서 독립적인 길을 걸었다.

러브록의 발명품—전자포획장치와 가스크로마토그래프

1957년 개발된 전자포획장치는 대기 중에 잔류하는 화학물질의 종류와 양을 탐지하고 분석하는 장치다. 2차 대전 이후 다양한 화학물질이 개발되어 널리 사용되어왔는데, 드디어 이에 대한 구체적인 정보를 얻게 된 것이다. 앞서 소개한 레이첼 카슨의 『침묵의 봄』은 이렇게 해서 얻어진 구체적인 자료들을 포함하고 있다. 디디티와 디엘드린 같은 살충제의 잔류 여부를 확인하는 것에서 나아가 그 양을 추적하고, 특히 남극의 펭귄에까지 살충제가 잔류하고 있다는 사실을 밝히면서 생태계를 파괴하는 인간 행위를 경고했다. 가스크로마토그래프는 1971년부터 2년간 러브록이 연구조사선 새클턴 호를 타고 영국의 웨일즈를 출발해서 남극까지 왕복 항해할 때, 바다와 대기 중의 미량 기체를 분석하려는 목적으로 만들었다. 이 여행에서 지구 대기권에 CFCs(염화불화탄소류)가 광범위하게 잔류하고 있다는 사실이 과학적으로 보고되었다. CFCs는 성층권의 오존층을 파괴하는 대표적인 물질이며 프레온은 이 물질로 만들어진 상품의 이름이다. 러브록의 연구는 1974년 캘리포니아 대학의 마리오 몰리나 교수와 F. 셔우드 롤랜드 교수가 발표한 「자유염소이온에 의한 성층권 파괴설」에 힘을 실어주었고, 1978년에 오존층 파괴 물질의 규제를 결의한 몬트리올 의정서가 체결되었다. 이로써 환경문제 해결을 위한 국제 협력의 시대가 열리면서 상품으로서 프레온은 생산 감축 과정을 거쳐 결국 오늘날은 생산과 사용이 중지되었다.

화성 탐사 계획에 합류하다

1957년에 구소련은 세계 최초의 인공위성인 스푸트니크호를 우주로 발사했다. 이에 바짝 긴장한 미국은 이듬해 나사를 창설했다. 1961년 봄, 러브록은 나사 우주여행국의 책임자 에이브 실버스타인에게서 한 통의 편지를 받았다. 그는 약간의 흥분을 느끼며 편지를 뜯었다. 나사에서 우주 탐사를 위한 탐색선에 실어 보낼 실험기기를 개발하는 연구원으로 자신을 초청한다는 내용이었다. 당시 우주 탐사에 대한 연구는 초기 단계였다. 우주 탐사 계획은 실현되기 어려운 공상에 불과하며 시간과 돈만 낭비할 뿐이라는 인식이 상당히 퍼져 있었다. 하지만 어린 시절 밤을 새워가며 공상과학 소설에 빠져든 적이 있던 러브록의 생각은 달랐다. 우주 탐사는 허황된 상상이 아니며 언젠가는 충분히 이루어질 수 있는 인간의 미래였다. 러브록은 나사의 초청을 기쁘게 받아들였다.

러브록은 캘리포니아 주 패서디나에 있는 캘리포니아 공과대학 부설 제트추진연구소에서 일을 시작했다. 처음에 러브록이 맡은 과제는 달의 토양을 분석하는 방법을 개발하는 것이었다. 그런데 얼마 후 제트추진연구소에서 또 다른 관심거리가 등장했다. 노먼 호로비츠가 이끌던 우주생물학부팀은 화성에 생물이 사는지를 탐지할 수 있는 방법을 찾고 있었다. 러브록은 이 계획에 합류해 화성의 생물 탐지 장치를 제작하는 일을 맡았다.

러브록이 일을 시작할 무렵만 해도 화성을 다룬 자료가 거의 없어서 연구자들도 곤란을 겪고 있었다. 하지만 중요한 문제는 다른 곳에 있었다. 기술은 목적을 이루기 위한 수단이다. 어떤 장치를 디자인하고 제작하기 위해서는 먼저 알아내려는 대상이 무엇인지를 정확히 이해해야 했다. 화성에서 생명을 탐지하는 장치를 만들고자 한다면 먼저 생명이 무엇인지 알아야 했다.

‘생명이란 무엇인가?’

러브록은 시작도 하기 전에 이 질문에 부딪쳤다. 지구와 화성은 전혀 다른 행성이었다.

‘지구 생명과 화성에서 조사하려는 생명이 과연 같을까?’

러브록 자신도 확신할 수 없었다. 하지만 지구의 생명체와 화성의 생명은 다를 수 있고, 그렇다면 지구에서 생물을 탐지하는 방법과 화성에서의 조사 방식은 달라야 했다.

연구실 동료들은 생명이 무엇인지를 고민할 필요를 느끼지 않았다. 지구 생명을 탐지하는 방식을 화성에 적절히 적용하면 된다고 생각할 뿐이었다. 예를 들면 화성의 토양을 배양해 물질대사의 증거로 산소와 이산화탄소 등의 기체가 발생하는지 여부를 확인하는 것이었다. 동료들의 눈에는 러브록의 고민이 오히려 이상했다. 그러나 러브록의 생각은 변하지 않았다. 그는 연구 모임에서 자신이 고안해낸 아이디어를 발표했다.

"물론 화성에 착륙해서 주변 지역을 탐사해보면 생물의 존재 여부를 알아낼 수 있을지도 모릅니다. 하지만 저는 화성의 대기권을 조사해볼 것을 제안합니다. 화성을 둘러싼 대기권이 화학적으로 어떻게 조성되어 있는지를 분석해보면 생물이 살고 있는지 확인할 수 있습니다."

그러나 이 생각은 모인 사람들의 관심을 끌지 못했다. 러브록은 자신이 왜 그렇게 생각하는지 덧붙여 설명했다.

"만약 화성에 생명체가 없다면 대기를 구성하는 기체들은 화학적으로 평형 상태일 것입니다. 하지만 생명체가 살고 있다면 대기 조성은 이와 달리 비평형 상태를 보일 것입니다. 생명체들이 화성의 대기를 사용하면서 영향을 미치고 있을 테니까요"

이날 연구 모임은 별 성과 없이 끝나고 말았다. 하지만 러브록은 발표를 준비하고 토론하는 과정에서 스스로 확신하게 되었다. 지구의 대기 조성이 화성과 다르다면, 그 비밀은 바로 지구 생명체에게 있을 것이다. 화성 탐사 계획에 참여했던 이 시기에 러브록은 '가이아' 라는 아이디어를 향해 한 걸음 더 다가섰다.

지구 생명력의 비밀

제트추진연구소에 다이안 히치콕 박사가 찾아왔다. 그녀는 나사에 소속된 과학자 중 한 명이었다. 두 사람은 화성 탐사에 관해 이야기를 나누다가 서로 비슷한 의견을 갖고 있다는 것을 알게 되었다. 소통할 수 있는 사람을 만났다는 것만으로도 러브록은 기운이 났다. 두 사람은 공동 연구를 시작해 화성과 금성, 지구 이 세 행성의 대기권을 구성하는 기체들은 종류와 비율이 전혀 다르다는 사실을 밝혀냈다. 조사 결과를 근거로 두 사람은 '화성에는 생명체가 살고 있지 않다'고 결론을 내렸다. 이어 나사가 진행하고 있는 화성 생물 탐사 계획을 재조정할 필요가 있다고 조언했다. 하지만 두 사람의 의견은 받아들여지지 않았다. 그들이 내린 결론이 사실임이 밝혀진 것은 훗날 화성 탐사가 실제로 이루어진 후였다.

러브록은 지구의 대기 조성에서 산소가 어떻게 21퍼센트 수준을 일정하게 유지할 수 있는지에 관심이 있었다. 산소 농도가 조금이라도 더 높아진다면 강력한 산화력 때문에 지구 생명체들은 큰 위협에 빠지게 될 것이다. 반대로 그 이하로 내려간다면 산소 부족 현상에 시달릴 수 있다. 화성이나 금성에서는 나타나지 않는 특성이었다. 어떻게 이런 일이 가능한 것일까.

'지구는 가장 큰 차원의 생명이 아닐까?'

러브록은 넓은 우주에 떠 있는 푸른 지구별을 마음속에 떠올렸다. 그 모습은 그동안 지구의 식물과 동물, 미생물 등의 개체 수준에서 설명해온 생명이라는 개념을 뛰어넘게 했다. 러브록은 지구 전체 차원에서 지구 생명을 조절하는 장치가 있을 것이라는 생각으로 나아가고 있었다.

가이아, 이름을 얻자 범지구적 차원의 생명이 드러나다

지구가 범지구적 차원에서 생명을 조절하고 있다면, 지구는 우리가 경험할 수 있는 가장 큰 생명체가 분명했다. 이렇게 보면 지구의 껍질을 이루는 지각과 암석도 지구 생명의 일부였다. 이것은 달팽이 집이 달팽이의 일부인 것과 마찬가지였다. 러브록에게 살아 있는 지구는 과학적으로 설명할 수 없는 신비한 그 무엇이 아니었다. 머릿속을 떠도는 관념이 아니라 구체적인 실체였다.

'지구 차원에서 나타나는 이 생명력을 표현할 수 있는 이름이 없을까?'

당시 러브록은 윌트셔에서 친구인 윌리엄 골딩과 함께 살고 있었다. 우리에게 소설 『파리대왕』의 작가로 알려진 골딩은 살아 있는 모든 것은 이름을 가질 필요가 있다고 자주 말했다. 러브록은 작가의 상상력이라면 이 생명력에 어울리는 이름을 생각해낼 수 있을 것이라고 생각했다. 골딩은 러브록의 고민을 이해해주었다. 그런 골딩이 제안한 이름이 바로 가이아였다.

"가이아는 그리스 신화에 나오는 대지의 여신이라네. 지구가 살아 있다는 느낌과 생명의 근원인 땅과 어머니의 이미지를 담고 있는 것 같군. 자네 생각은 어떤가?"

러브록은 가이아라는 이름이 마음에 들었다. 그리고 가이아라는 이름을 얻자 그동안 자신 안에서 꿈틀거리던 한 존재가 드디어 실체를 드러냈다.

그리스 신화에서 최초의 신은 누구일까? 이에 대한 답은 신화의 종류에 따라 조금씩 차이가 있다. 고대 그리스의 서사시인 헤시오도스가 우주와 신들의 탄생을 체계적으로 밝혀 쓴 『신통기(神統記)』에 따르면 최초의 신은 가이아 여신으로, 가이아는 모든 신과 인간의 어머니다.

고대 그리스인은 자신들을 둘러싼 자연과 자연에서 발생하는 현상의 원인을 신이라고 생각했다. 그래서 그리스 신들의 이름 중에는 자연물의 이름을 그대로 고유명사화한 것이 많은데, 가이아가 그 예다. Gaia라는 이름에서 Ga는 그리스어로 '땅'을 뜻한다. 가이아는 말 그대로 대지의 여신이다. 하늘과 산, 강을 포함해서 모든 신과 인간이 탄생하는 출발점에 가이아가 있다. 이 밖에도 '하늘'을 의미하는 우라노스가 그대로 신의 이름이 되었고, '태양'의 신은 헬리오스, '달'의 여신은 셀레네, '밤'의 신은 닉스, '어둠'의 신은 에레보스가 되었다.

지구상에 살아가는 생명체들에게 땅이 소중한 터전이라는 점을 생각하면 신화 안에서 땅이 가장 먼저 태어나는 이유를 짐작할 수 있다. 땅이 생명을 낳고 기르고 다시 땅으로 돌아가는 과정은 어머니가 자식을 낳고 기르는 과정과 닮아 있다. 그리스 신화에서 가이아는 바로 대지의 신이며 어머니 여신이다.

기억할 것은 신화 안에서 인간은 특별한 존재가 아니라는 점이다. 신들의 세계를 넘나든 인간 영웅들의 이야기가 없는 것은 아니지만 인간은 땅에서 태어나고 열매를 맺는 자연의 존재들 중 한 자리를 차지하고 있을 뿐이다.

데이지의 세계—과학적 가설을 세우다

러브록은 '가이아 가설'을 발표하면서 사람들이 대단하게 환호해주리라고는 기대하지 않았다. 예상했던 대로 그에게는 거센 비판이 쏟아졌다. 그중에서도 가장 많은 논란을 불러일으킨 부분은 지구가 살아 있는 유기체라는 주장이었다. 만약에 지구가 유기체이고 생물들이 중요한 역할을 하는 것이 사실이라면, 생물 종들은 서로 교신할 수 있는 방법을 갖고 있어야 했다. 그리고 미래를 예측하고 그에 대비해 일을 계획하는 능력을 진화시켜야 하는데 그것은 불가능하다는 것이었다.

러브록은 사람들의 비판을 가만히 생각해보았다. 열정에 휩싸여 가이아를 표현하는 데 좀더 신중하지 못한 것이 사실이었다. 러브록은 '지구는 유기체다'라고 말했지만. 실제로 그가 하고 싶은 말은 '지구는 범지구적인 차원에서 유기체처럼 행동한다'는 것이었다. 단순히 표현의 문제만은 아니었다. 사람들은 지구의 생명체들이 자신들의 생존 목적에 맞게 지구의 환경 조건을 적극적으로 변화시킨다는 러브록의 생각 자체를 받아들이려고 하지 않았다. 지구환경의 변화가 먼저 일어났고 생물들은 주어진 환경에 적응하는 형태로 진화가 이루어져왔다는 것이 기존의 설명이었다. 가이아 가설은 비과학적인 것으로 외면당했다.

그러나 세상에서 나쁜 일은 좋은 일과 함께 온다. 러브록은 학회에서 나사의 화학진화 분야에 관여하고 있던 생물학자 린 마굴리스를 만났다. 그녀는 생물들이 서로 공생하는 방식으로 진화해왔다고 주장했는데, 이처럼 독창적인 관점을 가진 그녀는 누구보다 가이아 가설의 든든한 지지자가 되어주었다.

러브록은 가이아 가설을 증명하기 위해 모델을 구축하고자 했다. 그런데 가이아 가설은 물리화학적인 실험을 통해 분석하거나 조사할 수 있는 대상이 아니다. 이럴 때 자주 사용되는 과학적 방법이 바로 수학적 모델이다. 수학적 모델에는 컴퓨터와 수학적 용어로 구성된 복잡한 절차, 그리고 관련 자료가 필요하다. 예를 들면 생물체의 성장과 경쟁을 결정하는 미분방정식, 행성의 온도에 대한 환경 자료 등이다. 특정한 조건에서 발생할 상황을 예측하기 위한 시뮬레이션 과정을 연상하면 이해하기 쉬울 것이다.

가이아 모델은 생물과 환경의 특성을 왜곡하지 않으면서 그 관계를 단순화할 수 있는 방식으로 고안되었다. 1982년 한 학회에서 발표된 이 가이아 모델은 '데이지 세계'로 알려져 있다. 러브록이 구성한 데이지 세계의 특성을 간단하게 살펴보자.

여기에 가상의 한 행성이 있다. 이 행성의 크기는 지구와 똑같고 지축은 기울어졌으며 자전하고 있다. 그리고 태양과 같은 질량과 광도를 갖는 별 주위를 공존하고 있다.

지구와 다른 점은 바다 면적보다 육지 면적이 더 넓다는 것인데, 육지는 수분이 충분하고 기온이 적당해서 어디서나 식물이 잘 자랄 수 있다. 그리고 여기에는 일정한 양의 이산화탄소가 존재하는데 그 양은 데이지의 성장에는 충분하지만 기후를 변화시킬 만큼은 아니다. 이 행성에서 주 생물은 데이지이며, 짙은 색 꽃과 옅은 색 꽃, 중간색 꽃의 세 종류가 있다. 그래서 이 행성을 데이지 세계라고 부른다. 데이지 세계는 지구를 단순화 혹은 축소한 것이다. 이 행성에서 주 환경 조건은 온도다. 데이지는 섭씨 40도 이상에서는 시들고 20도 내외에서 잘 자라며 5도 이하에서는 성장이 멈추는 특성이 있다. 상대적으로 온도가 낮을 때는 짙은 색의 데이지가 잘 자라는데 이 데이지들은 태양열을 흡수해 온도를 높인다. 한편 온도가 높을 때는 옅은 색의 데이지가 활발하게 성장하면서 태양열을 반사해 온도를 낮추는 현상을 보인다. 상황과 조건에 따라 짙은 색과 옅은 색의 데이지 꽃들은 경쟁적으로 성장하며, 이를 통해 행성의 온도는 항상 일정하게 유지된다.

러브록은 데이지 세계를 통해 행성의 기온이 가상의 생물종인 데이지에 의해 조절될 수 있다는 것을 보여주었다. 가이아 모델은 이후에 더욱 정교해졌다. 초기 모델에서는 3종의 데이지 꽃에 그쳤지만 나중엔 아주 짙은 색부터 아주 옅은 색까지 20종류의 데이지 종을 첨가하기도 했다. 결과는 마찬가지였다. 러브록에게 바로 지구 자체가 가이아의 가장 확실한 증거였다.

가이아 안에서 인간의 자리를 묻다

이제 가이아는 더이상 가설이 아니다. 러브록은 처음부터 과학적 개념, 특히 범지구적 차원에서 나타나는 조절기구라는 가정하에 가이아 연구를 시작했다. 이 점을 기억한다면 가이아를 이야기하면서 지나치게 지구를 의인화하거나 신화화하지 않도록 주의해야 한다.

젊은 시절 러브록은 가이아의 존재를 확신했기 때문에 지구환경문제는 가이아의 차원에서 해결할 수 있을 것이라고 낙관했다. 범지구적 차원에서 지구가 스스로를 조절할 수 있는 생명력이 있다면 충분히 가능한 일이었다. 러브록은 만약 인간이 지구를 파괴하는 행위를 멈추지 않는다면 가이아에 의해 인간의 존재 자체가 지구상에서 사라질 수도 있다고 경고했다. 가이아의 입장에서 볼 때 인간의 존재란 지구 전체의 생명을 지키는 일에 비한다면 특별히 더 중요하지 않기 때문이었다.

하지만 가이아 가설이나 지구환경문제가 가이아 차원에서 수월하게 해결될 것이라는 주장에 대한 비판은 여전했다. 나이가 들자 러브록은 다른 사람들의 비판을 어느 정도 수용하면서, 환경문제에서는 인간의 능동적인 대처가 필요함을 인정하게 되었다. 러브록은 화석연료의 사용을 줄이는 방안으로 원자력의 사용을 늘려야 한다고 주장했다. 그런데 이 주장은 또 다른 논쟁을 불러일으켰다.

화석연료는 재생이 불가능한 자원이다. 화석연료 사용은 자원을 고갈시킬 뿐 아니라 지구의 기후 시스템을 교란해 기후 변화를 야기

한다. 그러나 이를 막기 위해 원자력의 사용을 늘리는 것이 유일한 대안은 아니다. 우리가 쓰는 대체에너지라는 말은 1970년대 초 중동전쟁으로 전 세계적 석유파동이 일어났을 때 석유를 대체할 에너지원을 찾는 과정에서 등장했다. 즉 석유를 대체할 수 있는 에너지라는 의미가 강하다. 원자력은 석유를 대체하는 에너지일 수는 있지만, 재생 불가능한 우라늄이라는 화석연료에 의존하다는 점에서 한계가 있다. 오늘날 원자력 에너지가 지구 온난화를 줄일 수 있는 경제적인 에너지로 선전되고 있음에도 많은 선진국들이 원자력발전소 건설을 중지하고 재생 가능한 에너지로 전환하기 위해 노력하는 것은 이 때문이다. 원자력 사용을 둘러싼 논쟁은 그리 간단한 문제가 아니다. 일단 여기에서는 가이아이론의 중요한 쟁점이 되고 있다는 것을 지적하는 것으로 정리하겠다.

러브록의 가이아는 살아 있는 지구가 지닌 아름다운 생명력을 잘 보여준다. 지구 안에 살고 있는 수많은 존재들이 서로 상호관계를 맺으며 이들이 전체적으로 새롭게 만들어내는 지구 생명의 특성이 바로 가이아다. 전체는 부분의 합보다 크다. 가이아는 단순히 개체 생명들의 총합을 의미하는 것이 아니라, 그것을 뛰어넘는 개념이다. 이제 우리는 가이아를 통해 지구와 인류의 관계를 새롭게 바라보게 되었다. 가이아가 지구 전체의 생명이라면 그 일부인 인간도 지구의 생명과 무관하지 않다. 인류가 할 수 있는 일이 있고 해서는 안 되는 일이 있다. 우리가 가이아라는 이름을 부를 때, 가이아는 인간의 위치는 어디이며 인간이 해야 할 역할은 무엇인지 스스로 돌아보라고 말없이 대답하고 있는 듯하다.

살아 있는 지구가 우리에게 의미하는 것

이런 상상을 해보자. 인간과 지구가 어느 정도 거리를 두고 있다. 인간 앞에는 덩치만 큰 지구가 인간이 저지른 환경오염과 파괴로 인해 무기력하게 주저앉아 있다. 인간이 어떻게 하느냐에 따라 지구의 목숨이 좌지우지될 수 있는 상황이다. 물론 상상일 뿐이지만, 적어도 오늘날 우리에게 이런 장면은 낯설지 않다.

'지구가 살아 있다'는 말을 자연스럽게 하고 듣게 된 어느 순간부터 살아 있는 지구를 의인화한 모습은 일상생활 곳곳에서 만날 수 있다. 예를 들면 지구의 날을 알리는 포스터와 환경 이야기를 담은 책들의 표지에는 어김없이 사람처럼 다양한 표정을 짓고 감정을 호소하는 듯한 지구의 얼굴이 있다. 청진기를 대고 진찰을 받는 모습이나 지표면을 온통 뒤덮은 자동차 때문에 고통으로 일그러진 지구의 얼

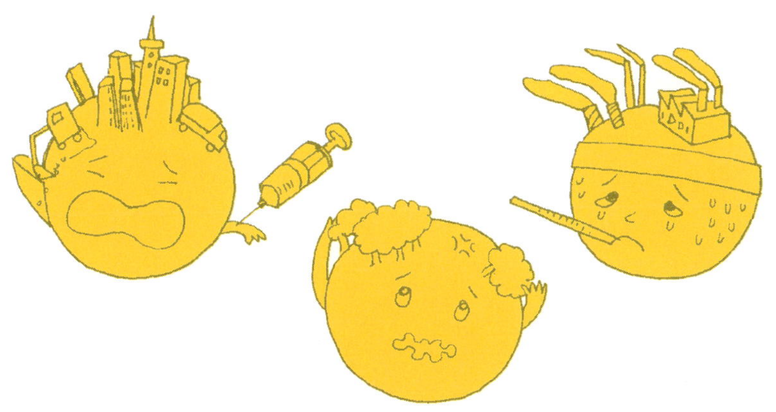

굴이 환경오염의 심각성을 경고하는가 하면, 밝은 표정으로 환하게 웃는 지구의 얼굴, 전 세계 어린이들이 손에 손을 잡고 지구를 빙 둘러싸고 있는 모습은 지구의 미래와 녹색 희망을 느끼게 한다.

오늘날 우리에게 '살아 있는 지구'는 이런 모습에 가깝다는 것은 안타까운 일이다. 살아 있는 지구를 강조하며 우리가 자주 해왔고 들어온 구호들을 보면 잘 알 수 있다.

"지구를 살리자."

"지구를 구하자."

"지구를 아끼고 보호하자."

익숙해진다는 것은 한편으로 두려운 일이기도 하다. 이러한 구호를 되풀이하기 전에 이 말이 무슨 뜻인지 깊이 되새겨본 일이 있었는

가. 우리는 지구를 살릴 수 있다. 하지만 어떤 의미에서 우리는 지구를 살릴 수 없다. 왜냐하면 지구가 우리에게 속한 것이 아니라 우리가 지구에 속해 있기 때문이다.

러브록의 가이아는 우리가 살아 있는 지구와 새롭게 만날 수 있는 길을 열어주었다. 그러나 우리는 살아 있는 지구 가이아를 우리식으로 지나치게 비약하거나 낭만적으로 이해하고 있다. 가이아는 지구상에서 살아 있는 것과 살아 있게 하는 것들을 생물의 세계와 무생물의 세계로 따로 구분하지 않는다. 가이아는 지구 자체를 부르는 이름이다. 살아 있는 지구, 가이아의 뜻을 이해하면 인간이 왜 열대림을 파괴하지 말아야 하는지, 왜 생물종들을 보호해야 하는지, 왜 화석연료의 남용을 멈추어야 하는지를 스스로 깨달을 수 있다. 이러한 행위는 지구 차원의 생명력을 파괴하는 일이다. 살아 있는 지구 가이아가 파괴된다면 가이아의 일부로 살아가는 인간 역시 예외일 수 없다. 가이아의 일부로서 인간은 지구 안에 살고 있는 다른 존재들과 협동하고 그들을 배려하며 살아갈 책임이 있다. 우리가 할 수 있는 일은 지구의 일부로서 살아가는 인간이 과연 어떻게 살아가는 것이 모두에게 좋은지를 깨닫는 것, 그리고 기꺼이 그러한 삶으로 스스로를 변화시키는 일이다.

더 읽어보기

● 제임스 러브록, 『가이아』, 홍욱희 옮김(갈라파고스, 2004)

러브록이 가이아 가설을 세우고 이후 탄탄한 과학이론으로 발전시켜낸 과정을 둘러싼 궁금증을 풀어낼 수 있다. 대지의 여신 가이아가 우리 삶에 전하는 메시지가 함께 담겨 있다.

● 장회익, 『삶과 온생명』(솔, 1998)

새로운 생명가치관을 모색하고 있는 책이다. 처음부터 쉽게 읽히지는 않을 수 있지만, 현대 과학과 동서양의 문명에 배경지식이 있다면 낱생명과 보생명, 온생명이라는 개념에 주목해볼 만하다.

서양의 가이아와
동양의 풍수가 만났을 때

가이아는 지구 전체를 하나의 생명체로 보고
풍수는 땅과 산, 바위 등 하나하나를 살아 있는 개체로 보니
지구를 인격화하는 관점이 다르네
아하! 그렇구나

가이아는 지구 밖에서 자연을 보고
풍수는 산과 강, 땅과 바람 등의 상호관계에 주목하니
자연을 보는 관점이 다르구나
아하! 그렇구나

가이아는 인간이 지구 자연에 미치는 영향을 고민하고
풍수는 자연이 인간에게 어떤 영향을 주는지를 고민하니
자연과 인간의 관계 중에서 중심 삼는 것이 다르구나
아하! 그렇구나

가이아는 지구의학의 눈으로
핵겨울의 감기, 온실효과의 열병, 산성비의 소화불량 등을 진단하고
풍수는 인체에서 기혈의 흐름을 짚듯이
지맥을 따라 지기와 혈을 진단하니
진단하는 방식이 또한 다르네
아하! 그렇구나

그러면 가이아와 풍수는 서로 다르기만 할까?
지구 자연과 인간이 더불어 살아가야 하는 이유를 말하고
삶의 지혜를 묻고
무엇보다 땅은 우리 모두의 어머니
서양의 가이아와 동양의 풍수는 서로 닮았네
아하! 그렇구나

가이아는 과연 어떤 선택을 할까?

가이아는 대지의 여신에서 유래한 이름이지만, 지구 전체를 마음대로 통제하는 초월적인 존재는 아니다. 러브록이 밝혔듯이 가이아는 추상적인 개념이 아니라 실재하는 과학적 대상이다. 지구의 대기권과 생물들이 함께 진화해가는 과정을 떠올려보라. 그 역동적이고 범지구적인 실체가 바로 가이아다. 신의 이름을 붙인 것은 살아 있는 지구의 생명 그 자체가 주는 느낌을 은유적으로 표현하기 위해서다.

가이아 안에서 인간은 어떤 존재일까. 가이아에게 있어 인간은 식물과 동물, 미생물과 함께 더불어 살아가야 할 동반자일 뿐, 특별히 대단한 존재가 아니다. 하지만 가이아 안에서 인간이 할 수 있는 일들이 분명히 있고 그것은 인간에게 달려 있다. 가이아와 인간의 관계를 우리 몸과 세포에 비유해보면 인간은 어떤 역할을 하는 세포일까? 인간은 가이아의 건강을 지키는 삶을 살 수도 있고 반대로 가이아를 파괴하는 삶을 살 수도 있다. 다음의 이야기 속으로 들어가보자.

어느 날 지구의학 전담병원으로 한눈에도 병색이 짙은 가이아가 찾아왔다. 의사는 환자를 찬찬히 진찰하기 시작했다.

의사 음, 고열이 매우 심하군요. 온난화 증상이 상당히 진행되고 있습니다. 이대로 방치하시면 큰 병을 가져올 수 있으니 앞으로는 건강에 더 신경을 쓰셔야 합니다. 안정을 취하셔야 해요. 제가 약을 처방해드리죠.

가이아 약은 이미 먹고 있어요. 그런데 낫지를 않는군요. 다른 방법이 없을까요?

의사 지난번에도 말씀드렸듯이 화석연료의 소비량을 지금보다 확 줄이셔야 합니다.

가이아 그건 알지만 딸린 식구들이 한둘이 아니고 살려니 어쩔 수가 없어요.

의사 제가 생각하는 한 가지 확실한 방법이 있긴 한데…….

가이아 그게 뭐죠?

의사 사실 당신의 병은 근본적인 원인이 있어요. 몸속의 인간들이 암세포처럼 통제를 벗어나 독소를 마구 퍼트리고 있어요. 고통스럽겠지만 인간을 완전히 도려내 뿌리를 뽑아버리면 나을 수 있습니다.

가이아 수술로 제거하자는 말씀이신가요?

의사 마음이 아프시겠지만 시간이 별로 없습니다.

가이아 가족들과 상의해보고 다시 연락드리겠습니다.

건강 검진을 받은 가이아는 과연 어떤 선택을 하게 될까? 건강을 회복하기 위해 몸에서 인간의 존재를 완전히 도려내는 수술을 택할 것인가? 아니면 자신의 일부를 구성하는 인간이라는 세포들이 지닌 생명력을 믿고 건강을 회복하기 위한 방법을 찾을 것인가?

6장

치쿠 멘데스와
열대림 채취 보호구역

치쿠 멘데스Chico Mendes(1944~1988)

1988년 브라질의 환경운동가 치쿠 멘데스가 살해되었다. 가난한 노동자 출신인 그는 열대림에 기대어 살아가는 사람들의 소박한 삶이 존중받기를 꿈꾸며 그 대안으로 열대림 채취 보호구역을 지정하기 위해 노력했지만, 반대파의 견제에 시달려 그 꿈을 실현하지 못했다. 그러나 역설적이게도 그의 죽음은 브라질에서 가난하게 살아가던 고무수액 채취 노동자의 존재와 그들의 삶을 전 세계에 알리는 계기가 되었다. 열대림이 파괴되는 원인과 심각한 상황이 국제적인 관심을 불러일으켰고 사람들은 브라질의 아마존을 포함한 전 세계 열대림의 중요성을 깨닫게 되었다. 1989년 칠레 출신의 작가 루이스 세풀베다는 소설 『연애소설 읽는 노인』을 치쿠에게 바쳤다.

가난한 고무수액 채취 노동자의 아들

브라질 동부의 세아라에 살던 프란시스쿠 멘데스는 사람들이 살 길을 찾아 서부의 고무농장으로 떠난다는 소문을 들었다. 낯선 곳에 대한 두려움이 그를 주저하게 만들었지만, 지독한 가난에서 벗어나고 싶었던 그는 그곳에 한 가닥 희망을 걸어보기로 했다. 1926년 프란시스쿠 멘데스는 브라질 북서부 아크레 주 중심부에서 상당히 떨어진 곳에 있는 샤푸리로 이주했다. 볼리비아와 페루가 인접한 야생 고무나무 산지인 이곳에서, 프란시스쿠 멘데스는 고무수액을 채취하며 살아가는 노동자가 되었다. 그는 배로 약 일곱 시간 정도 떨어진 거리에 있는 또 다른 고무나무 산지에 살던 한 여인과 결혼하여 가정을 꾸렸다. 1944년 12월, 두 사람 사이에서 치쿠 멘데스가 태어났다. 멘데스는 아홉 살이 되면서부터 아버지를 따라 자연스럽게 고무수액 채취 노동자가 되었다.

샤푸리에는 야생 고무나무가 많았지만, 이 나무들은 숲 곳곳에 흩어져 자랐다. 고무수액 채취 노동자들은 생계를 유지하기 위해 하루에 적어도 일이백 그루의 나무에서 수액을 채취해야 했다. 이들은 피곤한 몸을 이끌고 하루 종일 숲 속을 걸어 다녔다. 고단한 삶이었다.

다행히 숲 속 고무나무들은 언제나 수액을 내주었다. 전통적인 방

법에 따라 수액을 채취하면 지속적으로 고무 원료를 얻을 수 있었다. 고무나무 줄기에 일정한 간격으로 가로금을 그어 상처를 낸 다음 수집통을 걸어두면, 상처 난 자리에서 라텍스라고 불리는 흰색의 고무나무 수액이 천천히 흘러나왔다. 라텍스의 약 30퍼센트 정도가 천연고무의 원료가 된다. 고무나무의 상처는 시간이 흐르면 자연스럽게 치유되었고 다시 수액을 만들어냈다. 숲이 고무를 만들지 않는 계절이 되면 고무수액 채취 노동자들은 숲 속을 돌아다니며 다양한 견과류를 모아서 내다팔아 생계를 유지했다.

가난한 환경에서 자란 멘데스는 정식 교육은 꿈도 꾸지 못했다. 글을 배우기도 전에 고무나무에서 고무 원료를 채취하는 방법에 익숙해져야 했다. 그러던 중 열네 살이 된 멘데스는, 한때 정치에 몸담았다가 무슨 사연인지 아마존으로 들어온 한 사람을 만나게 되었다. 그는 소년 멘데스에게 읽고 쓰는 법을 가르쳐주었다. 멘데스는 그가 가져다주는 묵은 잡지와 신문을 읽으며 자신이 살고 있는 세계에 대해 조금씩 눈뜨기 시작했다. 고무수액을 채취하면서 멘데스는 가난과

외로움, 박탈감과 부당함을 자주 경험했다. 겉으로 보기엔 특별히 다를 것도 없는 일상이 반복되었지만, 멘데스는 자신의 경험에서 삶의 의미를 배우며 청년으로 성장해갔다.

브라질과 고무의 역사

브라질에서 천연고무 채취 역사는 오래전에 시작되었다. 옛날부터 숲 속 인디오들은 고무나무에서 천연고무를 채취해 이용하는 방법을 경험적으로 알고 있었다. 그들은 카누를 수리하거나 지붕을 방수할 때, 또는 젖은 나무에 불을 붙일 때 천연고무를 적절하게 사용했다. 그러나 오늘날 고무수액 채취자라고 불리는 사람들은 인디오가 아니라 지금으로부터 약 한 세기 전에 고무 붐을 타고 이곳으로 흘러들어온 노동자의 후손을 가리킨다.

1850년경 전 세계적으로 고무에 대한 수요가 폭발적으로 늘어나자 아마존은 세계 최대의 천연고무 산지로 명성을 누렸다. 고무 수출에 힘입어 마나우스와 벨렘은 아마존 지역을 대표하는 도시로 성장했다. 아마존 강의 관문인 마나우스는 대서양 연안과 브라질을 연결하는 무역항으로 발전했다. 마나우스에는 무역상이 바쁘게 오갔고 고무 수출로 부자가 된 사람도 많이 생겨났다. 고무 부호들은 수출 고무에 높은 세금을 매기거나 고무수액 채취자들에게 낮은 임금을 주는 방법으로 상당한 이익을 남겼다. 1897에는 이곳에 엄청난 규모와 화려한 장식을 자랑하는 오페라하우스가 세워지기도 했다.

1870년경에 한 영국인이 고무나무 씨앗을 빼돌려 당시 자신들의 식민지였던 말레이시아에 대규모로 고무나무를 재배하기 시작했다. 말레이시아는 값싼 원료를 안정적으로 공급함으로써 브라질과의 경쟁에서 유리한 조건을 마련했다. 말레이시아에서 고무가 생산되자 네덜란드와 프랑스, 미국 등도 뒤를 이어 인도네시아와 베트남, 라이베리아 곳곳에 고무농장을 세웠다. 상황이 이렇게 되자 브라질의 천연고무 생산은 쇠퇴의 길로 접어들었다.

게다가 2차 대전은 브라질 고무의 역사를 또 한 번 바꾸어놓았다. 미국을 비롯한 선진국들은 석유를 이용해서 합성고무를 개발해냈고 합성고무가 천연고무 시장을 파고들었다. 천연고무는 일상생활에서 여러모로 쓸모가 많았지만 대량으로 사용하거나 산업용으로 쓰임새를 확장하기에는 단점이 있었다. 특히 열에 민감해서 고온에서는 끈적임이 심했고 저온에서는 굳어버렸다. 천연고무에 황을 가해 탄성고무가 만들어지기도 했지만 합성고무가 가진 장점에는 비할 수 없었다. 합성고무는 자동차와 자전거 바퀴 등을 포함해서 20세기 산업 전반에 큰 영향을 미쳤다.

합성고무가 천연고무를 밀쳐냈지만 천연고무 시장이 완전히 사라진 것은 아니었다. 여전히 천연고무에 대한 수요가 있었다. 무엇보다 합성고무는 석유 가격에 따라 변동이 심했다. 몇 번의 석유 파동으로 합성고무 생산이 위기를 겪자, 천연고무에 대한 관심이 다시 살아났다.

그리고 이처럼 시장 상황이 변화를 겪는 동안에도 고무 수출국들은 고무를 기반으로 경제성장을 이루기 위해 꾸준히 노력해왔다. 천연고무는 합성고무와 달리 생산과 관리 면에서 비용이 많이 들지 않았고 지속가능하게 유지된다면 재생가능한 자원이었다. 브라질에서 천연고무는 여전히 숲이 주는 선물이었으며 수액을 채취하는 사람들에게는 고마운 생계 수단이었다.

아마존 개발 계획의 거센 바람이 불어오다

19세기 말 천연고무 산업이 내리막을 걷게 된 이후에 브라질 북부 아마존 지역은 사람들의 관심에서 벗어난 잊힌 땅이었다. 하지만 1960년대와 1970년대의 산업화 시기에 아마존 개발 정책이 발표되고 급속도로 추진되면서 상황이 달라졌다. 정부 주도의 대대적인 아마존 개발 정책의 목적은 우선 아마존에 묻혀 있는 자연자원을 개발하고 도시에 집중된 인구를 아마존 지역으로 분산시킨다는 것이었다. 주변 여러 국가에 걸쳐 있는 아마존 강 유역에 대해 브라질의 영향력을 과시하려는 의도도 있었다.

브라질 정부는 자연자원 개발을 추진하면서 특히 광산 개발에 주력했다. 정부에서 허가한 광산보다 불법으로 사금을 채취하는 사람들이 더 많았다고 알려져 있으나 수치는 확인되지 않았다. 광부들은 채취한 사금에서 금을 분리하기 위해 수은을 사용했는데 이 수은이 아마존 강으로 흘러들어 강을 오염시켰다. 금은 여러 곳에서 채굴되었기 때문에 수은은 아마존 강 곳곳으로 퍼져 나갔다.

또한 정부는 아마존에 다양한 사업을 유치하면서 농업과 목축 관련 사업을 장려했다. 이 시기에 아마존의 토지 상당 부분이 개인 소유지로 바뀌었다. 브라질 남부 출신의 농장주들과 목축업자들은 정부의 지원 아래 헐값으로 고무나무 산지를 사들었다. 고무나무 자체에는 별 관심이 없었던 이들은 고무나무와 견과류 나무를 마구 베어냈다. 그리고 나무를 베어낸 자리에는 열대림의 건기에 맞추어 대대적으로 불을 질렀다. 이런 방법으로 인공 초원을 만들어 가축을 방목했다. 그런데 이처럼 숲을 베어내고 목장을 만들거나 농지로 전환하는 경우, 농장주들과 목축업자들은 다양한 세금 혜택과 보조금을 받았다.

결국 숲 속 인디오들과 고무나무에서 수액을 채취하며 살아온 노동자들은 하루아침에 삶의 터전을 잃었다. 이들은 인간이 토지를 소유한다는 개념뿐 아니라 서류상으로 확인되는 토지 소유권에 전혀 익숙하지 않았다. 땅을 빼앗겨버린 사람들은 생존을 위해 더 깊은 숲 속으로 들어가야만 했다.

아마존에 불기 시작한 개발의 거센 바람 중에서 도로를 빼놓을 수 없다. 1970년대 들어 메디치 대통령은 '트랜스아마존 횡단고속도로'를 건설하겠다고 발표했다. '사람 없는 땅'과 '땅 없는 사람'을 결합시킨다는 구호를 전면에 내세웠지만, 이 자체가 착각이었다. 물론 이곳은 주민이 브라질 전체 인구 중 2퍼센트에도 못 미쳤지만 사람이 없는 땅은 아니었다. 그럼에도 계획은 시행되었고, 1972년에는 장장 5,000킬로미터의 길이로 아마존을 동서로 가르는 이 도로가 개통되었다. 이어서 이 도로와 인근 도시, 그리고 도시와 도시를 서로 연결하는 크고 작은 교통망이 빠르게 만들어졌다. 오늘날에도 도로는 계속 만들어지는 중이다. 기계로 농사를 짓거나 수출용 콩을 재배하는 농장주들은 도로의 개통을 전적으로 지지했다. 수출 작물의 경우 재배지에서 항구가 멀리 떨어져 있으면 운송 비용과 시간이 많이 들어서 그만큼 이윤을 감소시키기 때문이었다. 그러나 도로가 생기자 예전보다 더 많은 농장주와 벌목업자, 그리고 광산 채굴업자가 숲으로 들어왔고 더 많은 숲이 사라져갔다.

한편 주민이주 정책에 따라 농사를 짓겠다고 아마존으로 들어온 사람들은 얼마 지나지 않아 자신들이 성공할 수 없다는 사실을 알아차렸다. 아마존 열대림의 땅은 양분이 거의 없기 때문에 농사를 짓기에는 부적합했다. 숲 속 사람들이 전통적으로 화전농업을 소규모로 해온 것은 그만한 이유가 있었다. 일정한 면적에 불을 내고 그때 만들어진 재를 양분 삼아서 농사를 짓기 때문에, 땅을 다시 회복시키기 위해서는 한 장소에서 오래 정착할 수가 없고 자주 이동해야 했다. 아마존 숲이 가진 이런 특성을 무시하고 대규모로 농지를 만들거나 수출용 환금작물을 재배하겠다는 계획은 사실 무모했다. 적어도 열대림을 파괴하지 않고는 이루어질 수 없었다. 땅 없는 사람들은 아마존에서 농사를 포기해야 했다. 그들은 가난한 도시 노동자가 될 수밖에 없었다.

온도와 강수량은 지구 생태계의 특성을 결정하는 주요 제한인자다. 지구 생태계는 온도를 기준으로 적도에서 고위도 방향으로 열대, 온대, 한대 등으로 구분되며, 강수량을 기준으로 사막, 초원, 삼림 등으로 구분된다. 즉 열대림은 열대라는 온도 특성과 삼림을 이루는 풍부한 강수량이 특징이다. 그래서 열대우림이라고 불리기도 한다. 열대림은 기온이 높고 강수량이 많기 때문에 토양에 양분을 저장하기가 어렵다. 그래서 열대림의 나무들은 몸속에 양분을 저장하는 방식으로 진화했으며, 온대림처럼 양분이 풍부한 부식토를 만들기 어렵다.

열대림에 사는 생물종이 다른 숲보다 더 다양한 이유는 어디에 있을까? 열대는 온대 지역과 비교할 때 비교적 기후 변동이 적고 먹이원이 안정되어 있다. 그래서 열대 생물은 대체로 좁은 지역에 집중 분포되어 고도로 분화된 형태로 적응하고 있다. 생물종이 풍부하되 넓은 지역에 걸쳐 발견되지 않으며 서식지의 변화에 따라 쉽게 멸종되는 이유가 여기에 있다.

지구상에서 열대림은 지구 육지 면적의 약 6퍼센트를 차지하며 라틴아메리카와 아프리카, 아시아의 열대 지역에 분포한다. 그리고 브라질, 인도네시아,

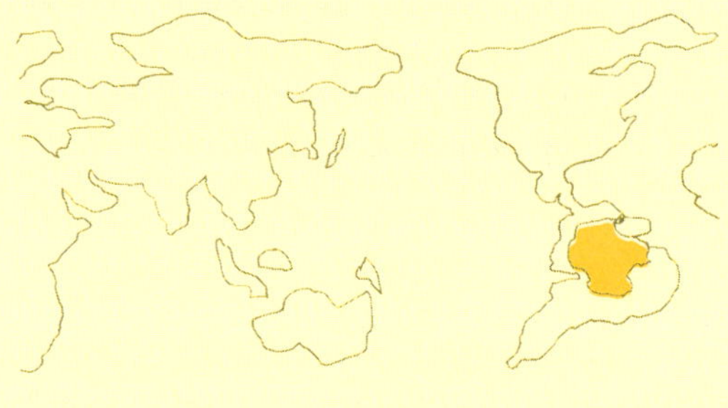

자이레, 페루는 세계 열대림의 절반 이상을 차지한다. 특히 아마존 숲은 세계 최대의 열대림으로 브라질과 페루, 콜롬비아, 베네수엘라, 볼리비아 등 남아메리카 여러 나라에 걸쳐 분포하고 있다. 아마존 열대림 전체 면적은 약 600만 제곱킬로미터이며 이 중에서 약 400만 제곱킬로미터가 브라질에 속해 있다. 브라질 아마존은 남한 면적의 약 70배 이상이다.

아마존 강은 페루의 안데스 산맥과 기아나 고지, 브라질 고원에서 발원한 지류들이 본류로 합쳐져 동쪽 대서양을 향해 흐르는데, 총길이는 약 6,437킬로미터이며 이 중에서 약 3,165킬로미터가 브라질 영토에 있다. '아마조니아'는 아마존 강 유역을 총칭하는데 지류만도 1,000여 개에 달한다.

이대로 물러설 수 없다 — 저항을 시작하다

남부 출신의 새로운 농장주들은 자신들이 확보한 땅에 대한 소유권을 강하게 주장했다. 그러나 오래전부터 땅을 공동의 터전으로 삼아 함께 살아온 사람들에게 땅이 개인의 것이라는 말은 참으로 이해하기 어려웠다. 청년 멘데스뿐 아니라 적지 않은 사람들이 하루아침에 고무나무 산지에서 쫓겨날 처지에 놓였다. 멘데스는 현실을 이대로 받아들일 수 없었다.

'이건 부당하다. 이대로 쫓겨날 수는 없어.'

자신도 모르는 사이에 두 주먹에 힘이 실렸다. 숲에 의존해 살아온 사람들의 삶은 존중되어야 했다. 숲의 미래와 자신들의 삶은 떼려야 뗄 수 없는 관계에 있었다.

원래 멘데스는 카리스마를 지닌 인물이 아니었지만, 그를 변화시킬 상황이 닥쳐오고 있었다. 먼저 멘데스는 샤푸리 지역에 살고 있는 고무 노동자들을 만났다. 벌목업자와 목축업자, 농장주의 위세 앞에서 마을사람들의 심정은 비슷했다. 땅을 빼앗기고 쫓겨날 처지에 놓인 이들은 처음에는 분노했지만, 어찌해볼 도리가 없다는 생각에 하나둘 체념하고 있었다.

멘데스는 사람들을 만나 왜 숲을 지켜야 하며 왜 힘을 모아야 하는지를 끈질기게 설득했다. 마침내 고무 노동자들은 자신들이 놓인 상황을 이해하기 시작했고 멘데스를 중심으로 모여들었다. 1975년에 노동조합이 결성되었다. 멘데스는 조합장 선거에 출마했지만, 예상만큼 많은 표를 얻지 못하고 탈락했다. 정치적인 결단과 해법을 바랐던 사람들의 눈에 멘데스는 도덕적인 성향이 강한 사람으로만 보였다. 하지만 멘데스는 선거운동 과정에서 고무 채취 노동자들의 현실을 널리 알리고 사람들의 힘을 모으는 데 큰 몫을 했다.

1976년에 접어들어 벌목 현장에서 벌목업자들은 멘데스를 비롯한 숲사람들과 자주 맞부딪쳤다. 숲으로 몰려온 사람들은 남녀노소의 구분이 없었다. 그들은 벌목업자에게 폭력을 휘두르는 대신, 그 자리에 우뚝 서서 한 발자국도 움직이지 않았다. 벌목업자들은 꼼짝도 하지 않는 사람들 때문에 쇠톱을 꺼야 했고 작업을 중단하고 돌아서는 일이 다반사였다.

겉으로 보기에 이것은 인도 가르왈 농촌에서 여성들이 벌인 벌목 반대운동인 칩코(chipco, 힌두어로 '껴안다'를 뜻한다)운동과 닮았다. 숲의 나무들이 전기톱에 의해 마구 잘려나가고 기계의 날카로운 소음이 그치지 않는 상황에서 인도 가르왈 농촌의 여성들은 단지 나무를 끌어안음으로써 저항했다. 이에 비해 멘데스와 사람들은 숲에 들어가 한 발자국도 움직이지 않는 방식을 선택했는데 이런 저항의 방식을 엠파테empate라고 부른다. 칩코운동이 그랬던 것처럼 엠파테운동은 많은 지역의 숲을 지켜냈다. 하지만 그것만으로 충분하지 않았다. 처음에는 벌목업자들에게서 숲을 지켜내는 일이 가장 시급했지만, 운동이 진행되면서 고민은 더 깊어졌다.

'앞으로 계속될 이 싸움에서 우리가 나가야 할 방향은 어디일까?'

멘데스는 앞으로 이 운동이 발전하려면 방향과 목적이 좀더 분명해야 한다고 느꼈다. 숲과 땅을 지켜내는 일에서 한 걸음 더 나아가 앞으로 어떤 미래를 만들어가야 할지를 고민해야 할 때였다. 하지만 구체적인 아이디어는 쉽게 떠오르지 않았다.

열대림 채취 보호구역을 만들자

처음에 샤푸리 지역에서 시작된 고무 채취 노동자들의 모임은 시간이 흐르면서 지역의 경계를 넘어 전국 단위로 발전해갔다. 1985년 10월 브라질리아에서는 전국에 흩어져 있던 아마존 고무 채취 노동자들이 모인 첫 회의가 열렸다. 이 회의는 이날 참석한 사람들 모두에게 잊지 못할 기억을 남겼다.

멘데스는 많은 사람들 앞에서 말문을 열었다.

"우리는 그동안 숲 속 인디오들을 적으로 여겨왔습니다. 하지만 그들과 우리는 남이 아니며 이제 서로 화해해야 합니다."

이전까지 고무 채취 노동자들은 숲 속 인디오들과 자신들이 적대 관계에 있다고 생각해왔다. 아마존 숲이 파괴되는 현실을 겪으면서 이러한 생각이 조금 바뀌긴 했지만 멘데스의 제안은 뜻밖이었다. 하지만 계속된 멘데스의 말은 듣는 이의 마음을 움직였다.

"생각해보면 숲 속 인디오들이야말로 숲의 진정한 주인입니다. 그들은 우리의 적이 아니며 함께 손을 잡아야 할 동지입니다."

인디오들과 노동자들이 처한 상황은 별반 다르지 않았다. 멘데스는 고무 채취 노동자와 숲 속 인디오 사이를 가로막고 있던 해묵은 갈등을 풀어내려고 노력했다. 그 결과 훗날 노동자들과 숲 속 인디오

들은 '숲사람들의 동맹'을 결성해 서로를 깊이 이해하는 동지가 되었다.

한편 회의에서는 엠파테의 진행 상황과 성과가 보고되었다. 이와 함께 앞으로 노동조합의 활동 방향이 주요한 의제로 떠올랐다. 멘데스는 숲과 땅을 지켜야 한다는 절박한 심정으로 싸움에 뛰어들었을 뿐 처음부터 뚜렷한 대안을 갖고 엠파테를 시작한 것은 아니었다. 그것은 다른 사람들도 마찬가지였다. 하지만 열심히 몸으로 부딪치며 살아온 사람은 그러한 경험에서 새로운 지혜를 얻기도 한다. 멘데스는 이 자리에서 그동안의 고민에 대한 한 가지 대안을 내놓았다.

"숲과 땅에 대한 권리는 그곳에 살고 있는 사람들에게 우선적으로 주어져야 합니다. 숲과 땅의 특성을 잘 이해하고 그 안에서 살아가는 사람들의 삶을 존중할 때 숲도 땅도 지속가능하게 유지될 수 있습니다. 아마존에 적합하지 않은 방식으로 농사를 짓거나 소와 양을 방목하기 위해, 내다팔아서 돈을 벌기 위해 나무를 불법으로 벌목하는 행위는 어리석은 일입니다. 하지만 우리가 그렇게 하지 않는 것만으로는 부족합니다."

청중들은 조용히 숨을 죽이고 멘데스의 말을 듣고 있었다.

"지금까지 우리는 열심히 싸워왔습니다. 이제 우리의 요구가 무엇인지를 분명히 해야 할 때입니다. 그래서 저는 열대림 채취 보호구역을 만들 것을 제안합니다."

멘데스는 열대림을 파괴하지 않으면서 그 안에서 사람들이 지속가능하게 살아갈 수 있는 방법으로 열대림 채취 보호구역을 제안했다. 하지만 사람들에게 멘데스의 제안은 생소하게 들렸다. 멘데스는 자신의 아이디어를 구체적으로 설명했다.

"열대림의 일정 면적을 채취 보호구역으로 확보하는 것입니다. 이 지역은 집단 공동의 소유로 하며 관리 역시 전통적으로 그곳에서 오랫동안 살아온 사람들에게 맡기자는 것입니다. 채취 보호구역의 사람들은 고무나무 수액을 채취할 수 있는 우선권을 가지며 고무 채취 기간이 아닐 때는 숲에서 얻을 수 있는 부산물, 예를 들면 견과류와 과일류, 오일 종류와 약재를 수확할 수 있는 권리를 갖습니다.”

멘데스가 제안한 열대림 채취 보호구역은 숲사람들의 권리를 회복하고 보호하려는 운동이기도 했다. 숲사람들의 권리와 그들의 삶을 보호하는 일은 고무뿐 아니라 숲에서 얻을 수 있는 생산물을 지속적으로 수확할 수 있는 가장 확실한 방법이기 때문이다. 사람들은 멘데스가 말하는 것이 무슨 뜻인지를 마음으로 깊이 이해했다. 이 싸움이 숲과 자신들의 삶에 어떤 의미를 지니고 있으며 또한 싸움을 통해 얻고자 하는 것이 무엇인지가 분명해졌다.

멘데스의 못다 이룬 꿈

1987년에 접어들면서 멘데스의 움직임이 더욱 분주해졌다. 미국을 방문한 멘데스는 열대림 문제를 국제적으로 알리기 위해 노력했다. 같은 해 11월에 아크레 주 의회에서 행한 연설에서는 샤푸리에 있는 고무나무 산지 카초이라를 채취 보호구역으로 만들자고 제안했다.

차츰 멘데스의 아이디어가 현실적인 모습으로 나타나기 시작했다. 1988년 브라질 정부는 멘데스의 제안을 받아들여 브라질에서 처음으로 채취 보호구역을 인정했다. 멘데스와 숲사람들은 카초이라에 모여 즐거움을 나누었다. 샤푸리의 성과를 시작으로 채취 보호구역이 하나둘 만들어졌다. 멘데스는 자신의 뜻을 이해하고 기꺼이 이에 동참하는 사람들의 힘과 용기, 헌신을 가슴 깊이 느꼈다. 바로 여기에 미래의 희망이 있다고 믿었다.

그런데 멘데스의 영향력이 커지고 구체적인 성과들이 현실로 나타나자 벌목업자들과 농장주들에게 멘데스의 존재는 눈엣가시였다. 자신들의 소유권을 부정하고 일을 방해하는 멘데스를 생각하면 증오심이 치밀어 올랐다. 멘데스는 이들에게서 갖은 협박과 경고에 시달렸다. 이 일을 함께 시작했던 동료들이 농장주에 의해 살해되는 것을 이미 목격해온 멘데스는 자신에게도 언제든지 그런 일이 닥칠 수 있다는 것을 알았다. 위험을 예감했지만 멈출 수는 없었다.

드디어 염려하던 일이 일어나고 말았다. 1988년 12월이었다. 멘데스는 샤푸리에 있는 자신의 집에서 농장주에게 고용된 암살자가 쏜 총에 맞아 살해되었다. 마흔네 번째 생일을 일주일 앞두고 있던 그에게는 아내와 어린 두 아이가 있었다.

멘데스는 죽기 얼마 전에 한 대학에서 열린 아마존 관련 세미나에 참석해 이렇게 말했다.

"앞으로 아마존 숲을 지키는 일을 계속하기 위해 저는 살고 싶습니다."

멘데스가 했던 이 말의 뜻을 이해한 사람들에게는 멘데스의 죽음이 더욱 비통할 수밖에 없었다. 그러나 역설적이게도 세상에는 도저히 불가능할 것처럼 보이던 일이 누군가의 희생과 죽음을 딛고 결실을 맺는 경우가 있다. 멘데스의 죽음이 지구촌 곳곳에 알려지면서, 많은 사람들이 열대림이 심각하게 파괴되고 있는 현실에 대해 알게

되었다. 그리고 아마존 열대림 고무 채취 노동자의 존재와 그들이 살아가는 이야기를 듣게 되었다. 아마존과 숲사람들의 이야기는 국제적인 쟁점으로 떠올랐다.

1992년에 브라질 리우데자네이루에서 유엔환경개발회의가 열렸다. 리우회의라고도 불리는 이 회의는 세계 111개국 정상과 178개국 대표가 참가했다는 점에서 유례없이 범세계적인 지구정상회담이었다. 이 회의의 화두는 '환경적으로 건전하고 지속가능한 개발(ESSD, environmentally sound and sustainable development)'이었다. 환경과 개발의 문제를 둘러싸고 지구촌 사람들의 열띤 논의가 벌어졌다. 기후변화협약과 생물다양성보호협약, 삼림협약 등의 국제 협약이 이때 체결되었다. 국가와 인간의 행동원칙을 천명한 지구헌장(리우환경선언)과 지구헌장을 구체화한 행동계획(아젠다 21)이 마련된 뜻 깊은 자리였다.

열대림의 파괴는 더이상 브라질만의 문제가 아니었다. 리우회의에서 아마존 보존을 위한 시범 프로그램 추진이 공식 발표되었다. 이 프로그램에는 밀림 보존과 지역주민 교육, 지속가능한 개발 및 산업의 확장과 생물 다양성 보존, 과학적 연구 자료를 확보하는 일이 포함되어 있었다.

2002년 다시 브라질

멘데스의 죽음을 누구보다 안타까워했던 사람 중에는 룰라 다 실바와 마리나 실바가 있었다. 철강공장 노동자로서 노동운동가였던 룰라 다 실바는 멘데스와 오랜 동지였고, 고무수액 채취 노동자의 딸인 마리나 실바 역시 정치적 성장 과정에서 멘데스에게 많은 영향을 받았다. 2002년 룰라 다 실바가 브라질 대통령으로 당선되고 마리나 실바가 환경장관에 취임하면서 브라질 환경 정책은 큰 변화를 맞이했다. 환경을 지키고자 노력하는 사람들은 이제 적어도 정부를 설득하기 위해 많은 시간을 보내지 않아도 되었다. 브라질 환경부는 열대림 보호를 위해 많은 노력을 기울이고 있으며, 1992년 리우회의에서 채택된 아마존 보존 프로그램을 맡아 책임을 수행하고 있다.

멘데스를 비롯한 여러 사람들의 노력 덕분에 오늘날 지구상의 열대림은 국제적인 관심을 받으며 연구 대상이 되고 있다. 최근에는 위성 시스템을 도입해 열대림 지역에 대한 정보를 실시간 수집하고 교육하며 관리 통제하고 있다.

하지만 열대림에 대한 국제적인 관심이 그 지역에 살고 있는 사람들의 삶까지 보장하는 것은 아니다. 열대림의 대부분이 개발도상국에 있으나 열대림을 보호하려는 선진국의 논리는 이 가난한 나라들

의 이해와 상충하는 경우가 많다. 지구상의 열대림이 모두에게 중요하며 보호되어야 한다는 데 대해서는 우리 모두 한목소리를 내고 있다. 하지만 열대림을 지키려는 이유와 어떻게 지킬 것인가 하는 방법을 두고는 저마다의 이해관계가 복잡하게 얽혀 있다.

우선 숲에서 나오는 자원으로 생계를 잇는 사람들이 있고, 숲을 개발해서 자국의 경제성장률과 국제적 위상을 높이고자 하는 정부가 있다. 열대림을 잠재적인 자원의 창고로 바라보는 국제적인 기업이 있는가 하면, 생물종 다양성의 보고이자 지구에 산소를 공급하는 허파로서 열대림의 생태계를 지키려는 사람들이 있다. 단지 열대림 문제에 관심을 갖는 것만으로 해법이 저절로 생기지는 않는다. 열대림을 보호하는 일과 숲에 기대어 살아가는 사람들의 삶을 서로 다른 것으로 여긴다면 해법을 찾아내기는 더욱 어렵다.

멘데스는 숲의 미래와 그 숲에 기대어 살아가는 사람들의 삶이 깊이 연결되어 있다는 것을 누구보다 잘 알았다. 숲사람들의 지속가능한 삶이 보장될 때 숲은 지켜내야 할 짐이나 부담이 아니라 지구와 인간 삶의 동반자로 함께할 수 있다. 열대림을 보호하는 일이 지구상에 살아가는 모두에게 좋은 일이라면, 마찬가지로 그 지역에 살고 있는 사람들의 삶도 존중받아야 한다.

열대림 보호는 지구에서 살아가는 우리 모두가 함께 책임져야 할 공동의 문제다. 열대림을 지키는 일이 더이상 누군가의 목숨을 건 치열한 싸움이 되어서는 안 된다. 모든 사람이 열대림을 지켜야 하는 이유를 깨닫고 그 일을 일상의 한 부분으로 자연스럽게 느껴야 한다. 그러한 삶만이 숲과 삶이 함께하는 지속가능한 길이 될 수 있기 때문이다.

더 읽어보기

🍃 곽재성 · 우석균, 『라틴 아메리카를 찾아서』 (민음사, 2000)

라틴아메리카의 역사와 문명, 정치, 사회, 경제, 문화, 환경을 다양한 관점에서 다룬다. 열대림 숲과 조화롭게 살아가기 위해 애쓰는 사람들의 이야기가 함께 실려 있다.

🍃 사이 몽고메리 지음, 『아마존의 신비, 분홍돌고래를 만나다』, 승영조 옮김(돌베개, 2003)

아마존의 분홍돌고래를 탐사하는 과정을 따라 고대의 신화와 전설, 과학적 탐구, 자연에 순응하며 살아가는 삶이 아름답게 펼쳐진다. 아마존, 열대림, 지구생명이 들려주는 경이로운 이야기다.

지구의 허파, 열대림이 파괴되고 있는 이유

진화 과정에서 숲은 변화를 거듭해왔다. 그런데 최근에는 인간에 의해 숲이 파괴되는 규모와 속도가 점점 빨라지고 있다. 열대림이 파괴되는 원인들을 알아보자.

대형 도로의 건설

벌목된 목재들을 실어 나르기 위해 임도가 만들어지는데 숲을 고려하지 않는 임도는 숲을 조각내고 파괴한다. 열대림을 관통하는 대규모 도로망들이 만들어지면서 도로 주변의 열대림이 사라질 뿐 아니라, 도로 자체가 사람들의 출입을 늘리고 숲을 노출시킨다.

무분별한 벌목 행위

건강한 숲을 관리하기 위해 선택적 벌채가 권장되기도 한다. 문제는 경제적 가치와 맞물린 상업적 벌목에 있다. 또한 벌목은 숲을 사탕수수와 바나나, 커피와 파인애플 등 환금작물과 수출용 콩(대두)을 단일 재배할 수 있는 농지로 이용하기 위해서도 이루어진다.

지나치거나 잘못된 방목

방목을 위해 열대림을 베어내고 불을 질러 인공 초원이 만들어진다. 여기서 방목되는 가축들은 주로 미국이나 캐나다, 서유럽 등지로 식용으로 수출된다.

채굴 행위

아마존에는 금과 보크사이트 등 천연광물이 묻혀 있다. 광물을 채굴하고 제련하는 과정에서 숲이 파괴된다. 제련에 필요한 전기를 얻기 위해 댐이 세워지기도 하며 석유 채굴에 필요한 기반 설비를 세울 땅을 확보하기 위해 숲이 파괴된다. 때로는 송유관의 기름이 누출되는 등의 피해도 생긴다.

상업적 관광단지화

아마존을 탐험하고 싶은 사람들의 요구를 만족시키면서 숲을 파괴시키지 않는 생태관광의 필요성이 꾸준히 제기되고 있다. 하지만 아직 만족스러운 상황은 아니다. 아마존의 마나우스의 경우 네그루 강과 술리몽스 강이 합쳐지면서 '물의 결혼식 또는 물의 만남'으로 관광명소가 되고 있다. 그런데 여기에서는 아마존으로 찾아드는 관광객을 위한 숙박업소와 식당이 성업 중이다. 또한 교통의 편의를 위한 쾌속정이 운행하고, 이곳을 관통하는 도로망도 늘어나 숲을 파괴하는 원인의 하나가 되고 있다.

빈번한 산불

열대림이 파괴되는 이유로 전통적인 화전농법을 문제 삼기도 한다. 하지만 화전농업은 땅이 없는 사람들이 소규모로 생존에 필요한 기본 식량을 재배하는 것이므로 열대림 파괴에 미치는 영향은 상대적으로 작다. 열대림을 파괴하는 대형 산불의 경우는 소규모 화전농업이 아니라 방목지나 대규모 플랜테이션 농장을 만들기 위해 의도적으로 대규모 산불을 일으키는 과정에서 불길이 번져나가는 경우다. 이 경우에는 피해가 훨씬 더 심각하다.

정부의 개발 정책

다국적 벌목회사들은 브라질 정부에 일정한 비용을 지불하면 숲을 벌목할 수 있는 허가권이나 광산 채굴권을 얻을 수 있다. 한편 정부는 개발 정책을 추진하면서 세금 감면 등의 특혜로 목축업자와 목장주를 유인했고, 불법적으로 이루어지는 벌목과 채굴 행위를 통제하지 못해 상황을 악화시켰다.

열대림 파괴의 원인은 결국 하나로 수렴된다. 그것은 바로 열대림을 인간을 위한 도구적인 가치로만 보려는 잘못된 인식이다. 열대림의 생태적 특성에 대한 무지, 지속가능한 숲과 삶의 관계에 대한 몰이해, 당장 눈에 보이고 손에 잡히는 이윤을 제공하는 대상으로만 숲을 바라보는 행위가 모두 이와 관련 있다.

열대림이 소중한 이유는 인간의 삶에 필요한 물질적인 재화들을 제공해주기 때문이 아니다. 열대림은 그 자체로 생태적인 가치가 있으며, 인간이 생태적인 특성을 파괴하면 열대림이 우리에게 주는 혜택도 사라진다.

탄소는 지구별 여행자
—인간은 방해꾼일까 길벗일까?

탄소의 지구별 여행 이야기를 시작해보자. 탄소는 지구를 여행하며 대기권, 생물권, 수권, 암석권을 두루두루 다닌다. 자, 이제 자세한 여정을 살펴보자. 출발!

대기권

대기권에서 탄소는 이산화탄소의 형태로 저장된다. 생물권의 식물과 동물의 호흡이나 분해 작용 결과 생긴 이산화탄소가 대기권으로 들어간다. 인간의 간섭이 없었던 시기에 대기 중 이산화탄소는 오랫동안 자연적인 균형을 이루어왔다.

생물권

생물권의 육상식물은 대기권의 이산화탄소를 흡수해서 생명 유지에 필요한 유기물을 만든다. 이때 빛에너지를 사용하므로 광합성이라고 부른다. 식물은 광합성과 호흡을 통해 대기권의 이산화탄소를 흡수하고 방출하는 과정을 균형 있게 유지하는데, 이는 지구상에서 숲과 초원이 하는 중요한 일이다. 특히 열대림은 대기 중의 이산화탄소를 흡수하고 산소를 방출하는 능력이 뛰어나기 때문에 지구의 허파에 자주 비유된다.

수권

바다에는 대기권보다 훨씬 많은 탄소가 저장되어 있다. 해양 식물과 동물의 유기물로 있기도 하고 물속에 이산화탄소 형태로 녹아 있기도 하다. 그런데 만약에 지구 온난화가 진행되어 바다의 온도가 높아진다면 바닷물에 녹아 있는 이산화탄소는 기체의 특성상 대기 중으로 이동하게 된다.

식물성 플랑크톤은 광합성을 통해 대기 중의 이산화탄소를 바다로 흡수한다. 뿐만 아니라 산호초와 탄산칼슘 껍질을 가진 바다생물들은 탄산칼슘의 형태로 많은 양의 탄소를 바다에 저장한다. 그래서 산호초에는 바다숲이라는 별명이 있다.

퇴적층과 암석층

식물과 동물의 사체는 쌓인 장소에 따라 3억 년 전 고생대부터 시작된 오랜 지질작용을 거쳐 석탄, 천연가스, 석유 등이 된다. 고체인 석탄과 기체인 천연가스, 액체 탄화수소화합물인 석유를 모두 묶어 화석연료라고 한다. 이와 함께 지구의 석회암층은 탄산칼슘의 형태로 탄소를 저장하고 있다.

그렇다면 과연 인간은 탄소의 지구 여행에 심술궂은 방해꾼일까? 아니면 유쾌한 길벗일까? 오늘날 인간은 심술궂은 방해꾼이 되어 지구 여행을 심각할 정도로 간섭하고 있다. 먼저 화석연료 사용이 많아지면서 대기로 방출되는 이산화탄소량이 급증하고 있다. 뿐만 아니라 인간은 삼림을 없애고, 산호초를 파괴하고, 해양생물종의 다양성을 감소시키고, 석회암층을 무분별하게 파괴하고 있다. 지구의 삼림과 산호초, 껍질을 가진 해양생물, 석회암층은 모두 탄소의 저장고다. 그런데 인간이 이러한 저장고들을 허무는 역할을 하면서 많은 양의 이산화탄소가 대기 중으로 방출되고 있다. 대기로 모인 이산화탄소는 온실기체로 작용해 지구의 기후 시스템에 심각한 영향을 미친다.

열대림은 산소를 방출하는 장소이자 중요한 탄소 저장고라는 점을 기억해야 한다. 열대림에는 상당한 양의 이산화탄소가 몸속에 목재의 형태로 저장되어 있어 산불이 나면 상당한 양의 이산화탄소가 한 꺼번에 대기 중으로 방출된다.

열대림은 지구의 허파다. 우리 몸에서 허파가 하는 일이 무엇인지, 그리고 건강이 어떻게 지켜지는지 생각해보자. 우리의 몸은 각 신체 기관이 유기적으로 활동하고 상호 균형을 유지할 때 건강하다. 지구의 허파인 열대림도 마찬가지다. 만약에 우리가 지금처럼 이기적으로만 행동하기를 멈추지 않는다면 과연 지구의 미래는 어떻게 될까?

7장
반다나 시바와
물 민주주의

반다나 시바Vandana Shiva(1952~)

시바는 인도의 핵물리학자이자 환경운동가이며 생태여성주의자로 알려져 있다. 1973년 시작된 칩코운동에 참여하기도 했으며, 1984년 미국계 회사인 유니온카바이드사의 보팔 화학비료 공장 폭발사고를 지켜보면서 제3세계에 속한 인도의 현실과 남성 중심의 가부장적 사회에서 여성의 역할을 새롭게 발견했다. 그녀는 캐나다 유학 후 핵물리학자로서의 길을 걷는 대신에 인도로 돌아가 '과학·기술·생태학에 관한 연구재단'을 세웠다.

초국적 기업이 중심이 된 경제 세계화를 비판하며 현재는 '세계화에 관한 국제포럼'의 인도조직위원회에서 활동하고 있다. 생물종 다양성과 농부의 권리를 지키기 위한 나브단야 운동(인도어로 아홉 가지 종자를 뜻하는 나브단야는 생명을 키우고 지키는 데 꼭 필요한 씨앗을 상징한다)을 펼치는 한편 물이 상품화되는 현실에 대항하는 지속가능한 대안을 모색하고 있다.

아인슈타인을 동경한 히말라야의 소녀

신들이 머무는 성스러운 땅 히말라야. 사람들은 히말라야를 편의상 동쪽에서부터 아삼 히말라야, 시킴 부탄 히말라야, 네팔 히말라야, 가르왈 히말라야, 펀자브 히말라야로 구분해 부른다. 이 중에서 가르왈 지역은 해발 7,816미터의 최고봉인 난다데비 산이 서 있고 갠지스 강이 흘러내리는 곳이다. 가르왈 서쪽으로 히말라야 산맥이 완만하게 뻗은 지역에 데라둔 마을이 있다. 시바는 북인도 우타르 프라데시에 속한 이 마을에서 산림 보호원인 아버지와 자연을 누구보다 잘 이해하는 농부인 어머니 사이에서 태어나 자랐다. 산과 물이 아름답게 어우러진 둔 밸리는 어린 시바에게 훌륭한 놀이터이자 자연을 경험하고 배우는 교실이었다. 자연이 펼치는 너른 품 안에서 어린 시바의 감수성도 함께 성장했다.

히말라야는 경이롭고 장엄한 산이다. 어린 시바에게도 그 존재감이 그대로 전해졌다. 자연을 마주할 때면 자신의 내부에서 뭔가 가득 차오르는 느낌이 들곤 했다. 자연이 주는 위대함과 생동감이었다. 그렇다고 해서 시바가 종교에 관심을 갖거나 아름다운 자연을 보호해야겠다는 의지를 다진 것은 아니었다. 자연의 경이로움 앞에서 시바의 열망은 과학적인 탐구로 이어졌다. 물리학을 좋아하는 시바의 꿈

은 아인슈타인처럼 훌륭한 과학자가 되는 것이었다.

시바는 캐나다 온타리오 웨스턴 대학으로 유학을 떠났다. 당시에 주목받던 핵물리학을 전공으로 선택했다. 양자이론을 따라 들어선 물리학의 세계는 흥미롭고 무궁무진했다. 방학이 되어 집으로 돌아온 시바는 의사인 언니와 자신이 하고 있는 공부에 대해 이야기를 나누었다. 언니가 말을 꺼냈다.

"핵에너지 분야는 과학이론 자체로만 보면 충분히 도전해볼 가치가 있어. 하지만 실제로 적용할 때는 부정적인 측면을 떨치기 어렵지."

언니는 과학자들이 핵반응의 과정은 잘 알지만 방사선이 생명체에 미치는 영향에 대해서는 무지하다고 말했다. 시바는 갑자기 정신이 번쩍 들었다.

"핵에너지는 현실적으로 심각한 피해를 가져올 수 있어. 핵물리학자들은 이 분야의 전문가로서 그 책임을 회피할 수 없을 거야."

앞으로 핵물리학자로 살아가겠다고 마음을 먹고 있던 시바였다. 하지만 과학의 발전에는 양면성이 있으며 인간으로서 마땅히 짊어져야 할 윤리적 책임이 있다는 것을 깨달으면서 그녀는 자신의 미래를 결정하는 일에 좀더 신중해야 한다고 느꼈다. 시바는 얼마 뒤 핵물리학에서 이론물리학으로 전공을 옮겼다.

칩코운동과 운명적으로 만나다

우리의 나무를 끌어안자
그들을 벌목에서 구해내자
우리 언덕의 재산인
나무를 약탈에서 구하자

1970년대에 들어 벌목업자들이 삼림을 상업적으로 마구 벌채해 가자 주민들은 조직적으로 대항하기 시작했다. 이즈음에 간쉬암 라투리가 지은 이 시가 불리기 시작했다. 짧은 이 시는 지금은 우리 모두에게 너무나 유명해진 칩코운동의 시작점을 보여준다.
"나무를 베어내려면 내 몸도 베어내시오."

칩코운동에 참여한 여성
들은 물리적인 힘과 무기,
폭력에 의존하는 대신 나무
를 껴안는 행위를 선택했다.
여성들이 벌목회사를 상대
로 이런 식의 저항을 벌인다
는 것 자체는 어찌 보면 바
위에 달걀을 던지는 격이었
다. 물리적인 힘과 장비로 치자
면 처음부터 승산 없는 싸움이었

다. 하지만 칩코운동의 저변에는 마하트마 간디의 정신이 흐르고 있
었다. 사람들은 간디의 비폭력 정신을 기억했다. 소금은 반드시 영국
에서 수입해야 한다고 규정한 '소금법'에 대항하기 위해 직접 소금
만드는 것을 보여준 소금행진이나, 서구식 방적시설에 저항하기 위
해 인도 전통의상을 입고 손수 물레를 돌린 행동은 그 자체로 강력한
상징이 되었던 것이다. 칩코는 숲을 지키기 위한 비폭력 정신의 얼굴
이었다. 그것은 힘없는 존재들이 벌이는 수동적이고 소극적인 저항
이 아니었다. 적극적으로 행동하는 비폭력이자 저항이었다.

어릴 때부터 부모의 영향을 받아 지역의 문제에 관심이 많았고 캐나다 유학중에도 인도와 고향마을을 늘 잊지 않았던 시바는 1975년 부터 직접 이 운동에 참여했다. 가르왈 지역의 여성들과 시바가 함께 한 이 운동의 메시지는 인도 전 지역을 넘어 세계 곳곳으로 퍼져 나 갔다. 그녀들의 노력 덕분에 벌목 계획이 중단되고 숲이 살아남았다. 지역 주민들이 자발적으로 참여해 조직적으로 전개해나갔다는 점에 서 그 성과는 더욱 값진 것이었다. 가르왈 농촌 여성들의 이야기는 다른 지역으로 빠르게 퍼져 나갔다. 칩코운동의 시작이었다.

여성성에서 참된 생명력을 재발견하다

시바는 칩코 현장에서 만난 여성들의 모습을 잊을 수 없었다. 직접 만나보지 않았다면, 그녀들을 특별한 사명감을 지닌 사람들, 타고난 전사들로 생각했을지도 모른다. 물론 숲속에서 시바와 함께 호흡한 여성들은 누구보다 당당하고 결의에 차 있었다. 하지만 그녀들은 교 육도 제대로 받지 못한 평범하기 그지없는 여성이었다.

다만 그녀들은 숲과 인간이 하나이며, 서로 공존하며 살아야 한다 는 것을 온몸으로 체득하고 있었다. 그녀들은 식량과 땔감, 약재 등 생존에 필요한 기본적인 것들을 숲에서 얻으면서도 숲을 파괴하거나 숲의 생태 주기에 간섭하지 않았다. 그녀들은 숲을 지키는 일이 자신들의 삶을 지키는 일이며 인간이 살아가는 자연스러운 모습이라고 여겼다. 삶에 녹아든 그녀들의 지혜는 존경심마저 불러일으켰다.

'칩코 여성들의 지혜와 힘은 어디에서 오는가?'

시바는 칩코 여성들의 삶이야말로 오랜 세월 동안 생명을 키우고 지켜온 힘과 지혜가 축적된 것이라고 느꼈다. 스스로의 삶을 당당하게 살아가는 민초들이 보여주는 강한 생명력이었다.

이 여성들은 부드럽지만 한편으로는 강한 존재였다. 강함을 폭력과 파괴, 물리적인 지배를 낳는 남성적 힘으로 보면 이 말은 모순되어 보인다. 하지만 칩코 여성들은 우리의 선입견을 보기 좋게 무너뜨렸다. 겉으로 부드러워 보인다고 해서 반드시 나약한 것은 아니다.

시바는 서구에서 과학을 공부했지만 인도에서 태어나고 자란 인도 여성이었다. 그녀는 서구의 이분법과 달리 조화와 균형을 중시하는 인도 전통의 세계관을 자연스럽게 받아들이고 있었다. 시바에게 세계는 과학적으로 분석해야 할 대상이 아니며 이분법적으로 구분되지도 않았다. 세계는 서로 다른 수많은 존재들이 연결되어 전체를 이루는 것이었다. 이러한 세계관에서 보면 부드러움이 있어 거침이 생기고 거침이 있어 부드러움이 생긴다. 약함이 있어 강함이 생기고 강함이 있어 약함이 생긴다. 그러므로 부드러움과 힘도 균형을 이룰 수 있고 조화할 수 있다. 균형과 조화를 이룰 수 있다면 부드러움은 더 이상 나약하지 않으며, 다른 존재를 물리적으로 파괴하거나 지배하지 않으면서도 강해질 수 있다. 부드러움에 치우칠 때 약해지고 강한 것에만 집착할 때 거칠어지는 법이다.

시바는 칩코 여성들을 만나면서 여성들이 지닌 생명력과 지혜를 새롭게 바라보게 되었다. 자신들의 삶을 지키고 생명을 지닌 존재들과 함께 살아가게 하는 힘은 다름이 아니라 여성성이 지닌 부드러운 힘, 바로 생명력에 있었다.

'우리 시대가 안고 있는 폭력과 불평등, 환경 파괴의 밑바닥에는 무엇이 있는가?'

시바는 이제야 이 질문에 대한 해답의 실마리를 찾았다고 느꼈다. 가부장적이고 남성적인 힘에 치우친 파괴와 지배의 논리가 문제의 근본 원인이었다.

여성성과 남성성이라는 말은 생물학적인 존재로서 여자와 남자를 가리키는 것이 아니다. 동양의 음양 개념으로 보면 좀더 쉽게 이해된다. 강함과 직선, 남자, 해 등이 양의 특성이라면 상대적으로 부드러움과 곡선, 여자, 달 등은 음에 해당한다. 음양은 절대적으로 존재하는 것이 아니라 상대적인 관계에 있으며 상호 비교를 통해 드러나는 특성이다. 사람에 따라 여성성이 강한 사람이 있고 남성성이 강한 사람이 있다. 남성적인 여성도 있고 여성적인 남성도 있는 법이다. 물론 남성성과 여성성이 조화와 균형을 이루는 사람도 있다. 시바의 관심은 단순히 있는 그대로의 여자라는 존재가 아니었다. 파괴와 지배의 논리를 넘어설 수 있는 생명력으로서의 여성성이었다.

'생명을 키우고 지켜내기 위해 지금 우리에게 필요한 것은 무엇인가?'

어린이들이 뛰어노는 놀이터를 상상해보자. 기우뚱한 시소의 균형을 맞추려면 어느 쪽에 힘을 실어야 할까? 누구나 쉽게 대답할 수 있을 것이다. 사람들의 마음속에 잠자고 있는 여성적 원리를 회복하는 일이 무엇보다 중요한 때였다.

지금 여기, 삶의 자리에서 새롭게 출발하다

물리학 박사 학위를 받은 후 시바는 고향 둔 밸리로 돌아왔다. 고향은 예전에 비해 너무나 많이 변해 있었다. 어린 시절 물장구치며 놀았던 마을 하천은 말라서 바닥을 드러내고 있었다. 깨끗하고 맑게 흐르는 물 위로 아이들의 웃음소리가 끊이지 않던 곳이었다. 추억이 스민 장소가 황폐해진 모습 앞에서 시바는 충격을 받았다.

'도대체 무슨 일이 있었던 것일까?'

이미 예전의 둔 밸리가 아니었다. 광산에선 석회석이 쉴 새 없이 채굴되고, 시멘트 공장이 들어서 있었다. 이 과정에서 숲이 파괴되었고, 하천 물의 양이 줄고 물길의 특성이 변했다. 특히 경사지에 갱도를 만들면서 산사태와 홍수 피해가 심해졌다. 흙더미가 쏟아져 내려 하천을 온통 뒤덮는 일도 다반사였다. 그러나 광산업자들은 석회암을 자원으로 채굴할 뿐, 숲의 생태적 특성에 대해서는 그다지 관심을 두지 않았다.

숲은 그 자체로 훌륭한 자연댐이다. 흔히 우리는 댐이라고 하면 주민들을 다른 지역으로 모두 이주시키고 마을 전체를 수몰시킨 후에 물길을 가로질러 세우는 거대한 콘크리트 구조물부터 떠올리기 쉽다. 하지만 숲은 인간에게 위압감을 주는 대형 구조물 없이도 훌륭한 댐의 역할을 한다. 특히 석회암층은 지질학적으로 물을 저장하는 능력이 매우 뛰어나다. 이러한 숲이 훼손되고 석회암층이 파괴된다면 어떤 결과가 나타날지 불을 보듯 훤했다.

1980년대 초에 환경부는 시바에게 광산의 개발이 환경에 미치는 영향을 평가하는 연구를 맡아줄 것을 부탁했다. 석회석 광산이 둔 밸리를 파괴하는 상황에 관심이 있던 시바는 이 연구를 기꺼이 맡았다. 시바를 포함하여 이 연구에 참여한 생태학자들은 다음과 같이 결론을 내렸다.

"둔 밸리의 하천을 살리려면 숲을 보호해야 하며 하루빨리 광산을 폐쇄해야 합니다."

이에 따라 환경부는 둔 밸리에서 석회석의 채굴 금지를 요청하는 소송을 제기했고 대법원은 이 지역에 있는 60여 개의 석회석 광산 일부를 영구히 또는 일시적으로 폐쇄하라고 명령했다. 이 일은 시바가 자신의 전문성을 살리면서 의미 있는 일을 해낼 수 있다는 자신감을 갖게 해주었다.

🍇 녹색 댐

녹색 댐은 숲이 댐과 같은 기능을 한다고 해서 붙여진 이름이다. 숲은 자연 댐이다. 성숙한 숲은 빗물을 저장하는 능력이 뛰어나 홍수를 조절할 수 있고, 저장한 물을 서서히 흘려보내기 때문에 비가 오지 않아도 강물을 지속적으로 흐르게 한다. 숲 속 토양층에는 낙엽과 부식토, 토양 미생물이 풍부하며 토양이 두터울수록 물이 통과하며 여과되므로 흐르는 물을 정화한다. 지구에서 숲은 물을 저장하는 가장 큰 창고인 셈이다. 녹색 댐은 산을 푸르게 가꾸는 일이 곧 물을 보호하는 일이라는 것을 잘 보여준다. 앞으로는 산에 나무를 심되 어떤 곳에 어떤 나무를 심어야 생태적으로 균형을 유지할 수 있는지를 함께 고민해봐야 하겠다.

빠르게 변화하는 인도의 현실

시바는 고향마을에서의 경험을 바탕으로 인도 전역으로 관심을 넓혀갔다. 숲이 파괴되면서 물이 오염되거나 부족해지는 상황은 점점 흔해졌다. 인도 북동부 체라푼지 지역은 예로부터 물이 풍부한 지역이었다. 그런데 숲이 사라지면서 먹을 수 있는 물조차 부족해지고 있었다. 오리사주 해안가의 경우 울창한 망그로브 숲을 베어내고 그 자리에 새우 양식장이 만들어져 홍수와 해일 피해가 늘어나고 있었다. 인도의 가난한 여성들은 물을 구하기 위해 점점 더 먼 거리를 걸어야 했다.

'왜 이런 문제들이 생기는 것일까?'

고민에 빠진 시바는 몇 가지 원인을 찾아냈다. 우선 광산이 문제였다. 오늘날 우리는 광물자원을 이용하면서 편리하고 풍요롭게 살아간다. 그러나 필요한 자원을 얻기 위해서는 적당한 곳에 광산을 세우고, 광물을 채굴하고 가공하는 복잡한 과정을 거쳐야 한다. 이 모든 과정이 우리 눈앞에 보이지는 않지만 지구 어느 곳에선가 벌어지고 있는 일이다.

예를 들어 더운 여름날 시원한 캔 음료를 마시는 경우를 기억해보자. 우리는 일시적인 청량감을 느끼기 위해 음료를 마실 뿐, 그 캔에 대해서는 별다른 고민을 하지 않는다. 그런데 알루미늄 캔을 만들려면 원료인 보크사이트가 필요하다. 사람은 채굴하고 가공할 뿐 보크사이트 자체를 만들어내지 못하니 자원이 묻혀 있는 곳에 광산을 세우게 된다. 한편 광물자원은 지구 전체에 골고루 묻혀 있는 것이 아니다. 다행인지 불행인지 다양한 종류의 지구 자원의 상당한 양이 개발도상국과 가난한 나라들의 숲에 묻혀 있다. 게다가 선진국은 환경규제가 강화되면서 자원 생산 비용이 점점 높아지는 추세다. 기업들은 값싼 노동력이 있고 풍부한 자원을 얻을 수 있는 곳, 그리고 많은 이윤을 얻을 수 있는 곳을 찾아 움직인다.

이런 이유로 많은 국제적 광산 회사들이 인도에 자리를 잡았다. 초국적 기업의 주된 관심은 경제적으로 많은 이득을 얻는 데 있다. 인도 사람들이 무엇을 필요로 하는지, 광산이 세워진 지역에서 숲과 물이 앞으로도 건강하고 지속가능하게 유지될 수 있는지는 그리 큰 고민거리가 아니다. 그러나 지속가능하지 않은 방식으로 광산이 운영되면 결국 숲은 파괴되고 숲에 기대어 살아가는 사람들의 삶도 영향을 받는다.

이뿐만이 아니다. 단순히 숲을 파괴할 때뿐만 아니라, 숲이 지닌 특성을 무시하고 상업적으로 이용하려 들 때도 반드시 피해가 생겨난다. 어찌 보면 당연한 일이다. 유칼리나무를 예로 들어보자. 오스트레일리아가 원산지인 이 나무는 종이와 펄프의 원료로 쓰인다. 정보화 사회가 되면 종이의 사용량이 줄어들 것이라는 기대와 달리, 종이와 펄프의 사용은 갈수록 늘어나고 있다. 유칼리나무는 주로 제3세계 전역에서 단일 재배되어 빠른 속도로 시장에 공급되고 있다. 그런데 생태적으로 물이 부족한 지역에서 유칼리나무를 기르면 수자원이 빠르게 고갈되기 마련이다. 인도 데칸 고원 지역에서는 유칼리나무를 단일 재배해 저수지와 하천의 물이 모두 말라버렸다. 카르나타카 주에서는 화가 난 주민들이 유칼리나무 묘목장을 공격해 묘목을 모두 뽑아버리는 사건이 벌어지기도 했다.

한편 물은 땅의 특성과 그 땅에 어떤 작물을 재배하는지에 따라서도 영향을 받는다. 가뭄이 잦은 지역에서 사는 인도 사람들은 전통적으로 그 지역의 자연 조건에서 잘 자랄 수 있는 수수와 옥수수 농사를 지어왔다. 이 작물들은 물을 많이 필요로 하지 않았고 가뭄에도 잘 견뎠다. 수수는 마을사람들이 살아가는 데 소중한 곡물이었다. 자연적인 물의 순환 범위 안에서 물을 지혜롭게 사용할 줄 알았던 사람들은 물 부족을 크게 걱정하지 않았다. 하지만 작황이 좋은 종자들이 선호되면서 상황은 달라졌다. 수수는 물을 많이 필요로 하지 않고 가뭄에 강하다는 점에서 훌륭한 작물이었음에도, 돈이 되지는 않았기 때문에 경제적인 가치가 떨어지는 것으로 취급되었다. 수수가 달라진 것이 아니었다. 다만 수수의 가치에 대한 사람들의 인식이 변하고 있었을 뿐이다. 물이 부족한 지역에서 상대적으로 물을 많이 필요로 하는 종자들이 재배되면서 물은 더욱 부족해졌다.

인도는 13억의 인구가 모여 사는 거대한 나라다. 인도와 인도인, 인도인의 삶을 하나로 설명하는 것은 불가능하다. 그럼에도 인도 곳곳에서 예전과 다른 방식으로 살아가는 사람들을 보는 것은 어렵지 않다. 인도 스스로의 선택에 의해서가 아니라 제3세계라는 국제적인 위치 속에서 인도에는 변화의 바람이 빠르게 불고 있었다.

물 부족을 해결하는 서로 다른 방식

사람들은 점점 더 많은 물을 필요로 하고 갈수록 물은 부족해지고 있다. 어떤 상황에 부딪쳤을 때 문제를 해결하는 방법은 여러 가지다. 하지만 이때 '왜'를 묻는 사람과 '어떻게'를 묻는 사람이 있다면 결과는 다를 것임을 예상할 수 있다.

만약 당신이 '왜' 이런 상황이 오게 되었는지를 먼저 고민한다면 근본적인 원인이 무엇인지를 묻는 것이다. 지혜로운 사람이라면 자신들이 살아가는 삶의 모습 안에서 문제를 들여다본다. 삶 저 너머에 해결해야 할 문제가 따로 있다고 생각하지 않는다. 한편 '어떻게' 이 문제를 해결할 것인가에 관심이 있는 사람이라면 문제 상황을 해결할 수 있는 좀더 효율적이고 기술적인 방법을 찾게 될 것이다. 이때는 기술력과 경제적인 비용이나 효율성이 매우 중요해진다. "'왜' 이런 일이 일어났으며 '어떻게' 이러한 상황을 해결할 수 있는가?"는 원래 하나의 질문이다. 그런데 우리는 왜 서로 다른 질문이라고 여기게 되었을까? 삶을 성찰하는 일은 많은 시간을 필요로 하며 우리의 기대만큼 눈에 보이는 결과를 가져오지 않는다. 반면 기술과 경제적인 효율은 짧은 시간에 눈에 띄는 성과를 가져다주기 때문일 것이다.

최근 인도의 마을에는 관정이 늘고 있다. 관정은 새로운 방식의 우물이다. 전통적인 우물은 가축의 힘을 빌려 물을 길었던 데 비해, 관정은 석유엔진과 전기펌프를 사용해서 물을 퍼냈다. 관정으로 짧은 시간에 충분한 양의 물을 충분하게 공급받게 되자 옛날식 우물은 상대적으로 비과학적이고 능률과 효율이 떨어지는 것으로 여겨졌다. 또한 관정 덕분에 물을 많이 필요로 하는 사탕수수를 대량으로 재배할 수 있게 되어, 빗물에 의존해서 작물을 기르는 것과는 비교할 수 없을 만큼 경제적 이익이 생겼다. 관정의 수를 늘리고 수로를 적당히 변경하는 방법만으로도 물 부족은 충분히 해결할 수 있을 것으로 보였다.

단기적으로 볼 때는 동력을 이용해서 물을 퍼내는 것이 더 효율적으로 보인다. 하지만 자연적인 물 순환 주기보다 더 빠른 속도로 물을 사용하면, 결국 물은 더욱 심각한 수준으로 고갈될 위험에 놓인다. 이렇게 되면 우물을 계속 파면서도 물은 더욱 부족한 악순환에서 헤어나기 어렵다.

단순히 우물과 관정이라는 시설 자체의 문제는 아니다. 우물만 사용하고 관정은 사용하지 말아야 한다거나 우물은 좋고 관정은 나쁘다고 말할 수는 없다. 우물과 관정은 물을 사용하는 서로 다른 방법이다. 그리고 그 밑바닥에는 물에 대한 사람들의 인식이 깔려 있다. 우리가 물을 어떻게 이해하며, 우리의 삶이 물과 어떠한 관계를 맺으며 살아가고 있는지, 나아가 앞으로의 삶이 어떠해야 하는지가 겉으로 나타난 것이다.

우리는 물을 다루는 기술을 갖게 된 후로 더이상 자연적인 물에 의존하지 않아도 된다고 생각하고 있다. 나날이 첨단기술이 개발되고 우리의 삶은 하루가 다르게 빠른 속도로 발전하고 있다. 적어도 이렇게 믿으며 살고 있다. 여기에서 우리가 잊지 말아야 할 사실이 있다. 우리가 물을 다루는 기술을 가졌다고 해서 물을 만들어낼 수는 없다는 것이다. 우리는 지금 이 순간에도 자연의 물에 기대어 살고 있다.

물의 새로운 위기가 닥치다

　어느 날 가뭄과 기근에 관련된 공청회에 참석하기 위해 시바는 델리에서 기차를 타고 인도 서부 라자스탄 지역에 있는 자이푸르로 가고 있었다. 기차에서 시바는 병에 든 물 한 병을 건네받았다. 자이푸르에 있는 초국적 기업이 운영하는 물 공장에서 생산된 물이었다. 물 시장은 점차 세력을 넓히는 중이었다. 기업들은 저마다 깨끗하고 수질오염의 걱정이 전혀 없는 물을 제조한다고 선전했다. 하지만 인간

은 물을 만들지 못한다. 물이 풍부한 지역에 공장을 세우고 물을 끌어와 가공을 거친 후 플라스틱 병에 담아 상품으로 내다팔 뿐이었다. 손가락으로 물병을 만지작거리던 시바는 차창 밖으로 오고 가는 사람들을 물끄러미 바라보았다. 열심히 살아가는 순박한 사람들의 표정에서 시대의 변화가 느껴졌다. 그랬다. 시간이 흐르면서 너무나 많은 것들이 변하고 있었다.

문득 시바는 고향 데라둔 마을에서의 기억이 떠올랐다. 데라둔 마을에는 동쪽으로 갠지스 강이, 서쪽으로 야무르 강이 사이좋은 자매처럼 흘렀다. 강줄기는 마을을 지나 알라하바드에서 갠지스 강으로 합쳐졌고, 갠지스 강은 바라나시를 거쳐 벵골 만으로 흘렀다. 마을사람들은 영어식 발음인 갠지스보다 어머니 신을 가리키는 강가Ganga라는 본래 이름으로 부르는 것을 더 좋아했다.

'갠지스 강은 어디서부터 시작되는 걸까?'

어린 시바는 이것이 늘 궁금했다. 수수께끼를 해결하기 위해 강이 처음 시작되는 곳을 찾아 길을 떠난 적도 있었다. 그때 일을 생각하면 지금도 웃음이 나왔다. 그때의 여행은 잊지 못할 추억이 되었다.

현실로 돌아온 시바는 자신도 모르게 마음이 무거워졌다. 물은 예전에 비해 더 많이 더 빠르게 공급되었다. 하지만 지나치게 많이 쓰이고 쉽게 버려지는 물은 이제 전통과 문화, 일상적인 삶의 의미보다는 수자원, 이용, 관리, 처리 같은 용어와 더 가깝게 느껴지고 있다. 도시의 팽창은 이런 상황을 더욱 부채질했다. 사람들이 밀집한 도시는 더 많은 물을 요구했다. 하지만 도시는 스스로 물을 만들어내지 못한다. 도시는 스스로를 유지하기 위해 먼 거리에서 물을 끌어와야 했다. 도시에서 소비되는 물을 공급하기 위해 대형 댐이 건설되고 길고 긴 수로들이 건설되었다. 예전에는 누구나 약간의 노력만 하면 필요한 만큼의 물을 얻을 수 있었다. 하지만 이제 사람들은 길게 연결된 수로를 통해 물을 제공받고 그에 상당한 비용을 지불하고 사용해야 하는 소비자가 되었다.

시대의 변화는 여기에 그치지 않았다. 한 국가 내부에서 공적 서비스로 인식되어온 물이 이제 세계화의 바람을 타고 초국적 기업의 관심이 되고 있다. 기업은 공적 서비스인 물 관리 체계를 민영화하려는 움직임을 보이고 있다. 누구나 사용할 수 있었던 물이 이제 누군가의 소유가 되어 판매되고 소비되고 있다.

사라져가는 공동체의 삶에 주목하다

어떻게 하면 물 문제를 근본적으로 해결할 수 있을까? 시바는 사

람들이 물을 소중히 여기는 마음을 되찾는 것과, 어느새 사라지고 있
는 공동체의 삶을 회복하는 것이 무엇보다 시급하다고 느꼈다.

인도인들은 예로부터 물에 기대어 사는 것을 당연하게 여겼다. 그
것은 문화이자 전통이었다. 인도 신화에서도 이런 면을 찾아볼 수 있
다. 신화에 따르면 갠지스 강, 즉 강가 여신은 하늘에서 내려왔다고
전해진다. 하늘과 땅을 잇는 이 강은 땅에서 살아가는 인간이 하늘로

오를 수 있는 신성한 다리였다. 갠지스 강에서는 지금도 12년마다 쿰브 멜라 축제가 열린다. 축제가 벌어지는 동안 사람들은 갠지스 강물에 몸을 담그고 자신이 지은 업을 씻어낸다. 축제의 이름인 쿰브는 신성한 물항아리를 가리키는데, 이 축제에는 물을 신성시하는 사람들의 마음이 담겨 있다.

또한 인도에는 물의 사원이라고 부르는 작은 오두막이 있는데, 이곳의 토기에는 언제나 시원한 물이 담겨 있었다. 길을 가다가 목이 마르면 누구나 아무런 대가 없이 토기에 담긴 물을 마실 수 있었다. 그런가 하면 가난한 비하르 지역의 농부들에게는 씨를 뿌릴 계절이 돌아오면 갠지스 강물을 특별한 장소에 보관하는 풍습이 있다. 풍년을 기원하는 마음을 물에 소중하게 담은 것이다.

이것이 전부가 아니다. 인도 곳곳에는 물과 함께해온 멋진 이야기들이 그 역사만큼이나 많다. 그중에는 크리슈나 강 유역 주민들의 이야기도 있다. 이곳 사람들은 오랜 세월에 걸쳐 수많은 물 저장탱크와 거미줄 같은 수로를 만들었다. 한 곳에서 긴 세월을 살아온 사람이라면 누구보다 그 지역에 대해 잘 알게 된다. 물이 어떤 모습으로 어떻게 순환하며 물길을 만드는지, 삶에 필요한 물을 어디에서 어떻게 얻을 수 있는지 경험으로 터득하기 마련이다. 이러한 지혜들은 삶에 축적되어 공동체 사람들이 물이 순환하고 흐르는 길을 파괴하지 않는

범위 안에서 필요한 물을 얻으며 살아갈 수 있게 한다. 크리슈나 강 유역의 사람들은 마을의 특성을 살려 공동우물과 마을저수지, 크고 작은 연못을 만들었고, 이 덕분에 오랫동안 물이 심각하게 고갈되는 위기를 겪지 않았다. 시바는 이 지역 공동체 사람들의 경험에서 물 문제를 해결할 수 있는 가능성을 발견했다.

물 문제를 해결하기 위해서 공동체를 회복하는 일이 중요한 또 다른 이유도 있었다. 예전부터 물을 사용하고 분배하는 결정권은 공동체에 있었다. 물 문제가 발생하면 공동체가 함께 책임을 졌으며 해결하기 위해 공동의 노력을 기울였다.

이것은 단순히 기술의 문제가 아니다. 물과 삶에 대한 인식의 문제였다. 물은 모두의 것이다. 숲과 하늘, 땅과 생물 다양성도 마찬가지다. 이는 공동체 안에서 아주 오래전부터 공동의 자산으로 당연하게 여겨진 것들이다. 누구나 물을 사용하지만 누구도 물을 소유한다는 생각은 하지 않았다. 물은 생존에 꼭 필요하지만 인간이 만들어낼 수 없다. 그래서 사람들은 물을 지구가 인간에게 주는 혜택이자 선물로 여겼다. 자연의 선물이기에 누구나 접근할 수 있고 사용할 수 있었다. 모든 생명이 공동의 권리를 인정하고 공평하게 나누어야 할 공동의 유산이었다. 목소리 높여 주장할 필요도 없이 누구나 알고 있는 당연한 지혜였다.

오늘날의 관점으로 보면 이러한 전통적인 방식은 더이상 적합하지 않은 것처럼 보인다. 공동체의 의미는 이미 퇴색되어가고 있으며 특정 지역 주민들이 그 지역의 자연조건을 고려해서 물을 얻거나 관리할 수 있는 기회는 사라지고 있다. 물 관리 체계는 점차 공동체에서 중앙정부로 옮겨지고 있다. 사람들이 삶을 통해 스스로 터득하고 경험으로 쌓아온 고유한 지혜가 사라지고 있는 것은 안타까운 일이다.

우리의 삶은 계속해서 변화하고, 이에 따라 삶과 물의 관계도 변화한다. 그리고 그 변화는 다시 삶에 영향을 주는 순환이 계속된다. 변하지 않는 사실은 인간은 물 없이는 살 수 없다는 것이다.

물 민주주의를 회복하라

"지구가 가진 자원은 모든 사람의 필요를 위해서는 충분하지만 소수의 탐욕을 위해서는 부족하다."

이미 너무나 유명해진 간디의 말이다.

이 세상에는 시장경제의 논리로 좌지우지되어서는 안 되는 것들이 있다. 시바에게 그것은 생물 다양성을 지키는 일과 물이었다. 시바는 시장을 통해 물이 상품화되는 현실 앞에서 물 문제는 바로 삶의 문제라고 느꼈다. 이런 맥락에서 시바는 물 민주주의를 주장한다.

물 민주주의는 다름 아닌 물 주권을 회복하려는 물 자치 운동이다. 모든 사람은 깨끗하고 안전한 물을 공급받을 권리가 있으며 이러한 권리는 존중받아야 하고 보장되어야 한다. 물 민주주의는 물을 사용할 때 누구나 마땅히 지켜야 할 책임과 의무에 대해 진지하게 돌아보게 한다.

시바가 전해주는 물에 대한 인간의 책임과 의무를 살펴보자. 물은 자연의 선물이다. 지구에서 살아가는 모든 생명공동체는 물을 공유하며 물은 이들이 생명을 유지하는 근원이다. 인간은 물을 사용하지만 소유할 수 없다. 자연이 인간에게 물을 무료로 주는 만큼 생명을 유지하는 물은 무료로 공급되어야 하며 우리 모두는 각자 지구의 물을 나누어 가질 권리가 있다.

지구의 물은 무한하지 않다. 만약에 자연이 재충전할 수 있는 양보다 더 많은 양을 쓰거나 자기 몫의 물보다 더 많은 물을 소비한다면 물은 고갈될 수 있다. 우리는 물을 지속가능하게 사용해야 하며 수질을 깨끗이 보존하고 수량을 유지해야 할 책임이 있다.

물을 과소비하거나 낭비하거나 오염시킬 권리를 지닌 사람은 아무도 없다. 물은 반드시 절약되어야 한다. 우리의 기분과 선택에 따라 좌우되는 일이 아니다. 모든 사람은 물을 절약하고 생태적인 한계 내에서 지속가능한 방식으로 이용할 의무가 있다. 지구가족의 한 사람으로 살아가려면 반드시 실천해야 하는 일이다. 또 한 가지 우리가 잊지 말아야 할 것이 있다. 지구상에서 물을 대체할 수 있는 것은 아무것도 없으며 물을 상품으로 취급해서는 안 된다는 사실이다.

🍇 **물 전쟁**

21세기는 이제 석유가 아닌 물을 둘러싼 갈등이 심각해질 것이라는 이야기가 자주 들려온다. 현실적으로 물 전쟁이 일어난 적은 없으나 물을 둘러싼 국가와 국가 간의 긴장관계는 계속되고 있다. 나일 강은 총 길이가 약 6,800킬로미터로 세계에서 가장 긴 강이다. 에티오피아에서 발원하는 청나일과 부룬디에서 시작된 백나일은 수단 카르토움에서 합쳐져 이집트를 거쳐 나일 삼각주로 이어진다. 나일 강은 이집트와 수단, 에티오피아 이외에도 우간다, 케냐, 탄자니아, 부룬디와 르완다 등 여러 국가가 공유하고 있다. 나일 강 유량의 상당량은 에티오피아의 강우에 의존하고 있는데, 갈수록 인구 증가와 물 수요 증가, 가뭄으로 인해 유량이 감소하면서 특히 이집트와 수단, 에티오피아 간에 갈등이 커지고 있다.

흐르는 물을 공평하고 지속하게 나누어 써야 한다는 원칙에는 동의하지만 물 사용에 대한 주도권을 두고 크고 작은 국경분쟁과 전쟁의 위기는 늘 있어왔다. 이 외에도 미국과 멕시코는 콜로라도 강을 두고 갈등이 있으며, 터키와 시리아, 이라크의 경우 티그리스 강과 유프라테스 강을 둘러싼 분쟁이 심심찮게 발생하고 있다. 중국 삼협댐의 경우 양쯔 강의 물길을 변동시킨다는 점에서 우리나라를 포함한 인근 국가들이 경계심을 늦추지 않고 있다.

우리 시대 물의 의미를 다시 묻다

아침에 눈을 떠서 우리가 제일 먼저 하는 일은 무엇일까? 사람마다 다르겠지만 대개는 습관처럼 화장실로 들어가 수도꼭지를 트는 일이 아닐까. 콸콸 쏟아져 나오는 물에 얼굴을 씻으며 하루를 시작하기 마련이다. 그런데 수도꼭지와 샤워기가 있는 벽 너머의 세계를 따라가다 보면 지구를 순환하고 있는 물길을 만날 수 있다. 자연의 물은 여러 단계를 거쳐 우리의 삶 속에 이어져 있다. 누구나 창문 너머로 빗소리를 들으며 세수를 해본 경험이 있을 텐데, 수돗물과 빗물은 다른 물이 아니다. 물이 지구를 순환하는 긴 여행길에서 다른 모습으로 우리 삶과 만나고 있는 것이다. 우리의 두 손 가득히 고인 물에 호수가 찾아와 있는지도 모를 일이다.

그런데 도시의 곳곳에는 지구를 순환하는 물의 여정을 방해하는 도로가 있다. 비가 내리는 날을 떠올려보면 우리 주변에 물이 출입할 수 없는 구역이 얼마나 많은지 확인할 수 있다. 우선 자동차가 달리는 도로는 물이 절대로 출입할 수 없는 금지 구역이다. 비가 세차게 내리면 도로의 양쪽으로 많은 물이 빠른 속도로 하수구로 흘러 들어간다. 그 물은 모두 어디로 가는가? 어두컴컴하고 냄새 나는 하수구를 지나 무사히 바다에 이를 수 있을까? 바다에 닿은 물이 다시 하늘로 올라가 새로운 순환 여행을 시작할 수 있을까? 그 여정에 동행할 수 없으니 장담할 수는 없지만 그 여행이 순탄하지 않으리라는 것을 충분히 예상할 수 있다. 그러나 이 사실을 알아차리는 사람은 별로 없다. 더 중요한 것은 그것이 문제가 될 수 있다는 생각조차 하지 않는다는 점이다.

도시에서 우리가 만나는 물의 얼굴은 제짝과 맞춰지지 못하고 흩어져 있는 퍼즐조각과 같다. 수도에 갇혀 흐르는 물이 그렇고 생수병이나 정수기에 든 물이 그렇다. 토양 속으로 스며들지 못하고 도로에서 곧장 하수구로 휩쓸려 들어가는 빗물이 그렇다. 우리가 일상 속에서 여러 모습의 물을 만나면서도 하나의 큰 그림을 그리지 못하는 것은 조각난 경험이 물을 대하는 시각을 제한하고 있기 때문이다.

또한 물이 지구를 순환하는 일은 우리의 몸 밖에서 일어나는 일이 아니다. 지구상에 살고 있는 모든 생물은 자신의 몸 안에 물을 품고 있다. 인간도 마찬가지다. 우리 역시 순환하면서 지구의 생명들을 이어주는 물길 안에 있다. 그 사실을 자주 잊고 살 뿐이다. 바쁘고 복잡한 일상 속에서는 물이 순환하며 서로 연관되어 있다는 것에까지 마음을 쏟을 여유가 없다고 생각하기 십상이다. 하지만 우리가 살아가기 위해 물은 반드시 필요하다.

오늘날 물의 문제는 수질오염만이 아니다. 인간을 위한 수자원으

로만 보는 것, 수질오염과 그 대책이라는 틀에 갇혀 있는 것, 단순히 오염을 관리하고 처리하는 기술적 문제라고 생각하는 것을 극복해야 한다. 물 문제의 근본적인 원인과 해결책은 물과 삶의 관계를 올바르게 이해하는 과정에서 찾을 수 있다.

더 읽어보기

● 반다나 시바, 『물전쟁』, 이상훈 옮김(생각의나무, 2003)

수질오염을 넘어서 물 부족과 물 갈등, 물 전쟁, 물의 상품화 등 물 문제의 다양한 특성을 다루고 있다. 우리가 잊고 있는 물과 삶의 관계를 되짚어볼 수 있다.

● 이순주 지음, 『자연과 하나되는 녹색 댐 이야기』, 정용호 감수(창조문화, 2004)

녹색 댐은 대형 댐과 무엇이 어떻게 다른가? 녹색 댐의 정의와 생태적 역할을 쉽고 재미있게 엮었다. 숲과 땅, 물과 삶이 결국 하나임을 알 수 있다.

비 오는 날, 경복궁을 걸으며

비 오는 날, 경복궁에 가게 된다면 홍례문을 지나 영제교 앞에서 잠시 발길을 멈추자. 오늘날에는 영제교 아래로 물이 흐르지 않는 날이 많지만 옛날에는 항상 물이 흘러 이제부터 신성한 궁궐 공간으로 진입하게 된다는 것을 알려주는 역할을 했다. 혀를 내밀고 장난스레 웃고 있는 천록(머리에 삼지창처럼 생긴 뿔이 나있으며 사악한 기운을 물리치는 상상의 동물)과 눈을 맞추고 옷매무새도 다듬고 마음가짐도 새롭게 해보자.

근정문을 지나면 인왕산과 북악이 어우러진 멋진 근정전이 한눈에 들어온다. 쏟아지는 빗소리에 잠시 귀를 맡겨보자. 동쪽 행랑으로 눈을 돌리면 북쪽에서 남쪽으로 길게 이어지는 지붕이 일정한 거리를 두고 낮아지는 모습을 볼 수 있다. 통로에도 단을 두었고, 남쪽으로 올수록 바닥에 닿는 기단과 주변의 주춧돌이 약간 높아진다. 왜 이런 구조물이 필요했을까? 한편 근정전 영역의 바닥엔 박석이 깔려 있다. 박석은 주로 화강암을 자연 그대로 판을 떼듯이 하여 바닥에 평평하게 깐 것을 말한다. 중앙으로 세 개의 길이 있는데 가운데 길이 바로 임금님의 통행길인 어도다. 그런데 이 어도는 주변의 마당보다 약간 높게 만들어져 있다. 과연 물길의 흐름과 어떤 관련이 있을까?

우리나라에는 산이 많다. 예부터 선조들은 산에 어울리게 건물을 앉혔다. 마을과 사찰이 그렇고 궁궐 역시 마찬가지였다. 경복궁은 남북으로 길게 누운 낮은 구릉지에 자연 지형을 그대로 고려하여 지어졌다. 물이 자연 경사를 따라 배수될 수 있도록 최대한 활용하고 있다. 근정전은 국가의 중요한 공식행사가 진행되는 장소라는 점에서 경복궁 안에서 인위적인 배수장치를 가장 많이 볼 수 있는 곳이다. 박석과 어도, 행랑의 구조는 자연의 질서와 인간의 질서가 아름답게 만나는 지점이다.

한편 구중궁궐 경복궁엔 많은 담장이 있다. 담장이 흐르는 물길을 가로막는 문제는 어떻게 해결했을까? 사정전과 통하는 사현문의 현판을 마주하고 서면 왼편 담장 아래 네모반듯한 모양의 구멍 하나를 볼 수 있는데, 자세히 들여다보면 내부에 단을 두었다. 담장 아래 있는 이 구멍은 물이 흘러갈 수 있게 만들어놓은 것이다. 이제 궁궐 곳곳에서 이러한 통로를 심심찮게 찾아낼 수 있을 것이다.

경복궁 안에서 물길은 우리 눈에 드러나 있는 수로를 통해, 그리고 땅 속에 감추어져 있는 수로를 통해 서로 연결되어 있다. 그중에 경회루와 향원정은 매우 인상적인 장소다. 먼저 경회루 동쪽으로 연결된 세 개의 돌다리는 앞쪽에서부터 해와 달, 별을 뜻한다. 가장 가까운 다리의 아래를 가만히 보면 기둥들이 모서리 방향으로 세워져 있다. 왜일까? 이것 역시 물의 흐름을 원활하게 하기 위한 배려다. 경회루 연못 안으로 들어온 물이 이곳을 지나 다시 빠져나가기 쉽게 만들어져 있다.

경회루가 위풍당당하다면 향원정은 정겹다. 열상진원은 북악의 물이 경복궁 안으로 들어오는 곳인데 그곳에 향원지가 있다. 물은 원과 직선으로 만들어진 화강암 길을 따라 향원지와 조용히 만난다. 나뭇잎을 하나 띄워보면 한 바퀴 빙그르 회전한 후 사라진 듯하다가 어느새 향원지로 흘러들어가는 것을 볼 수 있다. 왜 이런 구조물을 만들었을까? 북악의 차가운 물이 갑작스레 연못으로 흘러들어 물고기들에게 나쁜 영향을 주는 것을 막기 위해 만들어졌다고 전해진다. 물론 향원지는 시시각각 변하는 자연의 질서를 그대로 투영하는 맑은 거울이 되어 사람들의 삶도 풍성하게 만들어주었을 것이다.

오늘날 우리는 어떻게 하면 자연의 질서와 인간의 질서를 조화로운 삶으로 만들어낼 수 있을까? 비 내리는 경복궁에는 물과 삶의 숨은 관계들을 찾아 읽어내는 즐거움이 있다.

우리의 물 사랑법, 소중하기 때문에 아낀다

"물을 아껴 씁시다."

아무리 강조해도 지나치지 않은 말이다. 그런데 왜 물을 아껴야 하는 것일까? 이 질문에 대한 대답은 대개 비슷비슷하다. 예를 들면 수질오염이 심각하기 때문에, 우리나라가 물 부족국가이기 때문에, 앞으로 심각한 물 부족이 예상되기 때문에 물을 아껴야 한다는 것이다. 실제로 우리나라는 물 부족국가로 분류되어 있으며 앞으로 물 부족이 예상된다. 하지만 좀더 신중하게 생각해봐야 할 점이 있다.

우선 물 부족과 물 부족국가군이라는 말이 어디에서 왔는지 알아보자. 물 부족을 평가하는 방법은 그 목적에 따라 다르다. 우선 우리나라 국가수자원장기종합계획이 전망하는 물 부족은 '물 수지를 분석'한 것이다. 이것은 일정한 설계 조건을 세운 뒤에 예상되는 물의 수요와 공급을 조사해 부족한 물의 규모가 얼마인지를 산출한 것이다. 이때 물 부족이란 수요에 비해 공급이 부족한 상태를 말한다.

또 한 가지는 '인구 증가가 미치는 영향'을 통해서 물 부족을 평가하는 것이다. 이 경우 한 사람이 사용할 수 있는 수자원, 즉 개인당 물 사용 가능량이 지표가 된다. 국제인구행동연구소(PAI, Population Action Institute)가 우리나라를 물 부족국가군으로 분류한 방식이 이것이다. 이것은 우리 국민 한 사람이 이용할 수 있는 수자원의 총량이 1년에 1,700세제곱미터보다 적다는 뜻이다. 벨기에, 케냐, 모로코, 르완다, 소말리아, 영국, 남아프리카 공화국 등이 모두 물 부족국가다.

그런데 이상한 일은 우리가 물 부족국가임에도 일상생활에서 물 부족으로 인한 불편을 잘 못 느낀다는 것이다. 물 부족국가군의 분류는 물에 대한 인구밀도와 같아서 강수량, 국토면적, 인구의 영향을 받는다. 생각해보면 좁은 국토에 상대적으로 많은 인구가 살고 있는 우리나라의 경우 국민 한 사람이 사용할 수 있는 수자원의 양만을 계산하면 물 부족국가를 면하기 어렵다. 이것은 우리가 물 부족국가임을 강조하면서도 일상생활에서 물 부족을 크게 느끼지 못하는 이유를 설명해준다.

만약에 우리에게 물이 충분하다면 물을 함부로 사용해도 될까? 또한 물이 부족해지면 새로운 수자원을 개발하거나 댐을 건설하면 되니까 물을 낭비해도 될까? 분명한 것은 물이 부족하기 때문에 물을 아껴야 하는 것은 아니라는 것이다.

물은 인간이 어떻게 사용하는지에 따라 고갈될 수도 있고 지속가능하게 유지될 수도 있다. 숲, 대기, 토양, 생물 다양성과 함께 물은 인간의 삶과 긴밀하게 연결되어 있다. 물을 경제적인 가치로만 환원하지 않을 때, 물이 지구상의 모든 생명들을 잇고 있다는 것을 기억할 때, 물의 순환 과정과 흐름을 파괴하지 않을 때, 물의 자연적 한계 안에서 살아가는 지혜를 소중하게 여길 때 지구상에서 물과 인간은 공존하며 살아갈 수 있다. 지구상의 물은 우리의 삶 속으로 들어와 임무를 다하고 어디론가 흘러가지만 결코 사라지지 않는다. 물은 지구 안에서 여전히 순환하고 흐르고 있다.

우리가 물을 절약해야 하는 진정한 이유는 무엇일까? 습관적으로 물 부족과 물 부족국가라는 단어를 말하기 전에 물의 의미를 돌아보자. 일상에서 물을 절약하기 위해 무엇을 실천할 수 있으며, 할 수 있는데 하지 않고 있는 것은 무엇인지, 그리고 지금 자신이 하고 있는 실천이 얼마나 중요한 의미가 있는지 짚어보자.

지속가능한 지구, 삶, 미래

환경문제는 단순히 과학적이고 기술적인 문제가 아니라는 것에 공감하는 사람들이 많아지고 있습니다. 생태계 파괴와 환경오염, 지구환경문제가 심각하다는 경고와 함께 이제 우리의 인식과 삶의 방식을 되돌아봐야 한다는 목소리도 높아지고 있습니다. 오늘날 인간은 지구환경문제를 일으킨 원인자로 신랄한 비판을 받기도 하지만, 한편으로는 환경문제를 지혜롭게 해결해갈 수 있는 책임 있는 존재로 비춰지기도 합니다.

자신의 삶 속에서 아름다운 실천을 이끌며 희망이 되는 사람들이 있습니다. 환경문제 자체에 대한 관심에서 조금만 시선을 돌리면 묵묵히 실천하며 세상을 변화시키고 있는 사람들의 삶을 만날 수 있습니다. 지구, 자연, 인간, 사회가 맺고 있는 상호관계를 이해하고 올바른 관계를 넓혀가려는 사람들과 함께라면, 그 길이 외롭지 않다는 것도 알게 됩니다. 물론 지나치게 낙관적이거나 낭만적인 생각일 수 있습니다. 우리 주변을 돌아보면 해결해야 할 지구환경문제가 산적해 있고 상황은 점점 더 나빠지고 있는 것처럼 보입니다. 그럼에도 저는 사람들에게서 작은 희망을 발견합니다. 지구촌 여기저기에서 시작된 작은 변화들이 새로운 흐름을 만들어가고 있는 것이 분명합니다.

이 지구에서 나와 너, 우리, 지구 생명공동체들의 삶은 서로 관계를 맺고 있으며 둘이 아니라 하나입니다. 이제 우리의 관심은 지구, 자연, 생태, 환경 그리고 삶이 서로 상생하고 공존할 수 있는 새로운 관계를 만들어가는 일에 모여야 합니다.

지속가능한 지구와 지속가능한 삶, 지속가능한 미래는 서로 기대어 있습니다. 우리의 일상에 뿌리를 내리고 지구 전체로 줄기를 뻗은 나무를 떠올려보세요. 일상의 삶 속에 뿌리를 내리는 실천은 결코 사소하거나 하찮은 것이 아닙니다. 반대로 지구 차원의 실천이라고 해서 손에 잡히지 않는 거창한 일이 아니며 대형 프로젝트와 사업으로 진행해야 하는 것도 아닙니다.

앞으로 인간은 책임 있는 존재로서 이 지구 안에서 어떻게 살아가야 하는지를 진지하게 고민할 필요가 있습니다. 지구는 모두의 것입니다. 이 지구에는 수많은 생명공동체의 삶이 있고 그 안에 인간의 삶이 있습니다. 우리가 일상을 돌아보는 일은 그래서 더욱 아름답습니다. 지금, 여기, 나의 일상은 작은 실천이 시작되는 출발점이자 그 실천이 깊어지고 넓어져 삶의 변화가 일어나는 지점입니다. 원래부터 거창하고 큰 것은 없습니다. 청소년들이 꿈꾸는 미래가 지속가능한 지구로 이어지는 그 길의 시작도 바로 지금, 여기입니다. 가르친다는 것은 희망을 이야기하는 일이라고 합니다. 이 책으로 인해 여러분이 앞으로 지구 안에서 서로 상생하고 공존하며 살아야 하는 이유를 깨닫고, 그러한 삶을 자신의 미래로 고민하는 계기가 된다면 참 행복하겠습니다.

2008년 4월

강마을 씀

지구별에서 함께 살아가기
ⓒ 박강리 2008

1판 1쇄   2008년 6월 10일
1판 8쇄   2020년 9월 15일

지은이   박강리
펴낸이   김정순
책임편집   안강휘 이은정
디자인   홍지숙 모희정
마케팅   양혜림 이지혜

펴낸곳   (주)북하우스 퍼블리셔스
출판등록   1997년 9월 23일 제406-2003-055호
주소   04043 서울시 마포구 양화로 12길 16-9(서교동 북앤빌딩)
전자우편   henamu@hotmail.com
홈페이지   www.bookhouse.co.kr
전화번호   02-3144-3123
팩스   02-3144-3121

ISBN   978-89-5605-252-6 43400

이 도서의 국립중앙도서관 출판도서목록(CIP)은 e-CIP 홈페이지(http://www.nl.go.kr/cip.php)에서
이용하실 수 있습니다. (CIP제어번호 : CIP2008001598)